园林植物多样性研究

李 岩 著

吉林出版集团股份有限公司
全国百佳图书出版单位

图书在版编目（CIP）数据

园林植物多样性研究 /李岩著. -- 长春 :吉林出版集团股份有限公司，2023.4

ISBN 978-7-5731-3296-3

Ⅰ.①园… Ⅱ.①李… Ⅲ.①园林植物—生物多样性—研究 Ⅳ.①S68

中国国家版本馆CIP数据核字（2023）第115074号

园林植物多样性研究

YUANLIN ZHIWU DUOYANGXING YANJIU

著　　者　李　岩
出 版 人　吴　强
责任编辑　蔡宏浩
装帧设计　墨创文化
开　　本　787 mm × 1092 mm　1/16
印　　张　10.25
字　　数　180千字
版　　次　2023年4月第1版
印　　次　2023年9月第1次印刷

出　　版　吉林出版集团股份有限公司
发　　行　吉林音像出版社有限责任公司
（吉林省长春市南关区福祉大路5788号）
电　　话　0431-81629679
印　　刷　吉林省信诚印刷有限公司

ISBN 978-7-5731-3296-3　　定　　价　50.00元

前　言

随着城市化进程不断深入，城市生态文明建设的地位也日益凸显。建设生态文明社会是关系到人民福祉、关乎未来民族发展的大计。良好生态环境是最公平的公共产品，是最惠普的民生福祉，在这样的时代背景下，自然要素在园林景观中的重要地位也更加彰显，当代城市园林绿化的使命正是去找寻弥补生态破坏的方法、找寻人与自然更和谐相处的方式。城市园林绿地是改善城市生态环境的有效手段，对城市居民有着不可替代的重要作用，而植物的使用是赋予园林绿地生命力及活力的重要手段表现形式。

基于此，本书对园林植物多样性进行研究。全书共五章内容，第一章为园林植物多样性概述，主要阐述了园林植物及植物多样性相关概念、园林植物生物学相关内容，并以一湿地公园的园林植物为例，对园林植物群落及植物多样性进行了分析；第二、三章为园林植物造景研究和园林植物配置研究，都是先对二者基础内容进行了概述，然后以具体案例的形式对园林植物造景和园林植物配置进行剖析；第四章为园林植物景观生态研究，分别选取了城市河滨和城市道路，具体到实际案例对其景观生态设计进行了分析；最后一章为园林植物管理及病虫害防治研究，首先提及了园林植物养护技术要点及养护管理措施，然后对园林植物病虫害发生的规律、特点及原因等进行了分析，最后针对所存在的问题提出了防治的方式及措施。

本书通过一些优秀的案例呈现了园林植物造景及配置所产生的良好效果，由此可见各种植物也都形成了自己独特的形体、色彩及韵律特征，充分挖掘植物自身特色，合理配置不同类型植物是园林绿地建设中极为重要的手段；同时，丰富合理的植物配置也是确保可持续发展型生态绿地建设的重要基础，是生物多样性、城市绿地系统长期稳定的重要保证。此外，本书所涉及的案例充分挖掘园林绿地建设中植物应用的特色，使其在社会、经济及生态方面价值最大化。因此，通过此次研究，希望能够为地域性园林植物应用提供一定的理论基础和参考范例。

著　者

目　　录

第一章　园林植物多样性概述

植物是园林的重要组成部分，是造园的重要手段与材料，植物的运用不仅有着生产和生活的意义，同时也具有审美和艺术的意义，是园林艺术的一个重要方面。在此则主要阐述园林植物相关概念、植物生物学相关内容以及园林植物多样性，以为对园林植物的研究奠定基础。

第一节　园林植物多样性概念

一、园林植物相关概念

（一）园林植物

1. 定义

园林植物是园林中的重要元素和造园材料，指的是欣赏性较强，能为环境增添绿化并丰富生活的植物，有些植物主要欣赏其花和叶，也有的主要欣赏果实或枝干。这里引用罗伯特·布勒·马克思（Roberto Burle Marx）的话："园林是美学和可塑意向的综合体，而植物，对于园林艺术家来说，不仅仅是或稀有、或罕见、或普通、或注定要消失的植株，它本质也是颜色，是形状，是体积……"因此植物不仅仅具有简单的生物属性，更是园林中的一门艺术。

2. 分类

按照生物类型可将园林植物分为乔木、灌木和草本植物；按照使用目的和结果可分为行道树、绿篱植物、竖向攀缘植物、花坛植物、草坪及地被植物，等等。在西方的古代世界，园林植物的范围则更广泛，除了用于遮阴和观赏的植物，还包括实用性植物，如可供食用的蔬菜水果、可供医疗的草药以及用作染料的植物和用于宗教仪式的植物等。

3. 属性

（1）功能。首先要提的是植物的生产功能，用于食用是古代世界植物最基础的功能，如蔬菜、果树、草药、香料植物等。此外，植物还具有观赏功能和净化环境的功能，在园林植物运用成熟之后其观赏功能体现出更重要的价值。

（2）形状。形状是园林植物给人的第一印象，每棵植物都有独特的形态，其形状和大小会随着植物的成熟而发生变化。不同的形态给人不同的感受，如冠大荫浓的阔叶树会给人以安全感和崇拜感，而随风摇摆的柳枝则更能以流畅的线条吸引人的眼球。

（3）色彩。植物色彩能营造环境氛围，尤其是植物的季相性色彩变化更大大丰富了植物运用的多种可能性，唤起人的各种情感，比如一条常绿树的林荫道更符合庄重的场所，而一片秋色叶的树林则具有浪漫和神秘感。

（4）质地。植物的质地是可以观察和触摸到的属性，植物的表皮致密度、粗糙度、光泽度都对质地有影响。植物的色彩是有限的，需要质地的搭配才能产生更好的视觉效果。

（5）气味。植物的气味对园林有很大影响，从古至今宜人的香味总是受人欢迎，如古埃及的女法老不惜消耗人力物力引种香树，只为祭神时林木的芬芳能环绕神庙。

（二）植物园

1. 定义

植物园的定义有多种，简单来说植物园是用于收集、培养、展示和保护植物资源的一种特殊风格的园林，植物园里的植物种类繁多，会按照分类标记植物学名称以及其他信息，便于科普学习。植物园常常有专类植物的集中展示，例如，仙人掌、多肉植物以及来自世界特定地区的植物如热带植物、高山植物或其他外来植物等。

2. 类型

植物园是对植物资源进行分类整合、集中展示、植物研究、利用和保护的基地，可能是一个独立的科研机构，也可能是政府绿化建设的一部分，还有可能附属于高校，由此可以大致分为三类：科研机构类、市政建设类和高校教育类。在西方，植物园通常由大学或科学研究机构管理，其作用是用于科学研究、保护、展示和教育，当然也存在政府建设的植物园，通常用于市民日常观赏、娱乐和学习。

（三）植物研究

1. 植物学

植物学，又称植物生物学，是研究植物生命的科学，是生物学的分支。在西方，“植物学”一词来自古希腊语“poiavr”，意思是“牧场”“草”，这说明植物学在古代和农业以及畜牧业有密不可分的关系。植物学是生物学的分支学科，是从人类文明开始的生物学分支出来的一个学科，起源于史前时期的草药学，早期的人类识别并培育食用、药用或毒性植物，使其成为最古老的科学分支之一。目前，植物学家研究的陆生植物约 41 万种，其生物特性、地理分布、遗传进化等内容都在研究范畴。

2. 园艺学

园艺学属于农学的范畴，与农业密不可分，二者的区别在于农业是大规模种植单一农作物，而园艺是小范围种植蔬菜、草药、花卉和果树等植物，并具有一定的观赏性。园艺的研究还包括植物遗传和保护、景观恢复、土壤管理以及植物景观设计等内容。在现代园

艺学中比较重要的领域有树木栽培、草坪管理、花卉种植以及相关的植物流行病防治和园艺植物生产销售等。

3. 植物品种

一般而言，植物品种是一种具有某种特征的植物，可以将其与该属的其他成员区分开来。目前植物品种的表示通常采用卡尔·林奈（Carl Linnaeus）的二项式命名法，即每种植物都有一个由属名和种加词的拉丁名称，有的也会为了纪念作者在后面加上他的名字，这部分也可省略。

4. 植物引种

植物引种是把原本生长在某特定区域范围的植物引至其他区域栽培繁育，使其适应新的环境并能稳定生长。最常见的动机是经济利益，但在园林中的植物引种则大多是为了用新奇的外来观赏植物造景。

（四）植物应用

1. 定义

植物应用既包括实际用途，例如用于食物、服饰和药物，也包括象征性用途，例如在艺术、神话和文学中的应用。土著人民对植物使用的研究是民族植物学，而经济植物学则侧重于现代栽培植物。植物不仅可以用于医药，并用作许多工业产品的原料以及各种化学品，更重要的是植物还可以应用于园林，为人们带来美观的环境。

2. 应用形式

应用形式主要指园林植物根据不同用途在园林中展现的不同的类型，如乔灌木类的应用形式有行道树、防护树、庭荫树、树丛和树林、孤植树、树篱等，攀缘植物的应用形式大多是垂直的，比如绿荫廊架、凉亭、花格墙等，此外还有草坪等地被植物的应用形式，花卉植物有花坛、盆栽、切花等多种应用形式。

3. 应用方法

园林植物的应用手法多种多样，一般来说形态优美的乔木适合孤植；要营造轴向视线可以采用列植；对植则是对称式栽植，多在建筑出入口或道路两侧应用；丛植是将几株植物放在一起种植形成自然的一簇；片植是指较大面积地种植一种树木，乔木、灌木都能应用；群植是大量植株种植在一起，突出群体美；混植是多种品种或类型的植物一起种植，对搭配的手法要求较高，要达到丰富而不凌乱的效果。

二、植物多样性相关概念

（一）生物多样性

Fisher 和 Williams 在研究鳞翅目昆虫物种多样性时首次提出了生物多样性的概念，并独创了物种数和群落丰富度的相关分布模型。自此，生物多样性这个概念受到了广大群众的关注和研究，大量有关群落物种多样性的概念和原理等论文及专著相继被发表。

（二）植物多样性

植物多样性是植物及其生存环境共同形成的复合体，在其生态生长过程时所形成的植物状况，目前最为常用的物种丰富度指数是 Margalef 指数，常用的物种多样性指数是 Shannon－Wiener（香农—威纳）指数和 Simpson（辛普森）指数，常用的 β 多样性指数是 Whittaker（惠特克）指数。

第二节　园林植物生物学

一、园林植物生物学特性

（一）园林植物的生命周期

树木的生命周期（又称大发育周期），是从种子萌发起经过多年的生长、开花或结果，直到树体死亡的整个时期，反映树木个体发育的全过程，是树木生命活动的总周期。

1. 树木的个体发育

（1）个体发育的概念。个体的发展是指某个体在整个生命历程中所经历的发育史；植物的成长是从种子发芽开始的，生长经过幼苗、开花、结实、衰老、更新和死亡的整个过程。

（2）树木生命周期中的个体发育阶段。①有性繁殖树的个体发育阶段（正常生命周期的全过程）。树木的生长周期一般分为四个不同的发展时期：一是胚胎阶段，包括受精卵、合子、胚和种子；二是幼年阶段，种子萌发、幼苗、具开花潜力的树、体实生苗第一次开花表示幼年期结束；三是成熟期，年年开花、结果；四是衰老阶段，就是树木老化的过程。②树体发育阶段分区。先由生长点开始，细胞分裂传递，由于其具有局限性、顺序性、不可逆性，则导致树木不同部位的器官和组织存在本质差异。

（3）树木阶段发育所必备的内部条件。树木必须具备一定的生长能力（营养储备），植株达到一定的体积是转变的主要条件；生长点分生组织要经过一定数量的细胞分裂，才能使其发生阶段性的改变；茎尖分生组织的物质代谢活动及激素的改变。乙烯利对提早开花和赤霉素有促进作用。

2. 树木的年龄时期

（1）有性繁殖树的年龄时期。从园林树木栽植养护的实际需要出发，可以将树木的整个生命周期划分为幼年期、结果初期、结果盛期、结果后期和衰老期等 5 个年龄时期。

①幼年期：发芽→首次开花。特征：树冠和根茎的离心生长旺盛，进行营养生长和营养积累，并逐渐形成树冠和主干，以及形成其独特的构造，为第一次开花和结实做了充分

的准备。栽培方法：加强土壤管理，充分供应水肥，轻修多留枝，观花观果的树木要加强繁殖，可以喷施一定的抑制剂。

②结果初期：第一次开花→大规模开花前。特征：树冠及根系快速扩张，离心生长速度最快。直到完全成型，少数花芽在树冠边缘或顶端出现，但幼芽较小，质量较差，坐果率较低，开花次数逐年增加。栽培方法：轻剪、重肥；缓和树势，防止徒长、过度生长，可适当控制水肥，减少氮肥，增加磷、钾肥，并适当施用化学抑制剂。

③结果盛期：前期大量开花结实→开花结实持续降低。特征：树冠分枝多、花蕾发育充分、开花部位扩大（内外膛）、开花结果多且数量较稳定，骨干枝离心生长停止，树冠生长到最大。末梢枝条凋零，少数新生枝条在内膛出现。根茎的生长也达到了极限，根系出现了大量的枯萎。栽培方法：充足的水、肥；细致的更新修剪，合理配置营养枝、结果枝和结果备用枝；适度的疏花疏果。

④结果后期（结果衰退期）：大量开花结果的状态遭到破坏→几乎失去观花观果价值。特征：早期的枝条、根数量较多呈现衰亡状态，有较强的向心性，生长衰弱，病虫增多，抗性下降。栽培方法：以疏花、疏果为重点，加强土壤管理，增加肥水，促进新根的萌发，适当的修剪、回缩和利用更新的枝条，在小年进行新梢和控花芽。

⑤衰老期：骨干枝和根逐渐凋亡→植株死亡。特征：主干、主根大量枯死，结果枝和结果母枝数量减少，枝条纤细，生长量少，树冠平衡被破坏，树冠再生和恢复能力下降，抗性下降，木质腐烂，树皮脱落，树干老化，逐渐枯萎。栽培方法：对普通灌木，可进行萌发或再植；对古树名木进行多种恢复，必要时进行砍伐。

（2）无性繁殖树的年龄时期。无性繁殖树的年龄时期没有胚胎阶段，幼年阶段无或缩短，无性繁殖树生命周期中的年龄时期可划分为营养生长期、结果初期、结果盛期、结果后期和衰老期等 5 个时期。各个年龄时期的特点及其管理措施与实生树相应的时期基本相似或完全相同。

3. 树木的衰老与复壮

树木的衰老是指其生长和代谢逐步减低，它是有秩序的、逐步衰退的变化。

（1）树木幼年阶段的特点。在幼年期不开花，生长指数增加快，营养生长快，叶形、叶叶的构型、叶序、插条生根难易、叶持性、茎解剖结构、刺是否存在、花青素含量等方成年阶段均有差异。幼年和成熟期均能在同一株（上部成熟，下部幼年）发生。

（2）树木幼年阶段变化的控制。在繁殖上要加快阶段的改变，在栽培和养护上要维持幼年状态。通过对周围环境的调控，缩短幼苗期并诱导其开花；利用合适的砧木进行嫁接，以控制幼苗期的长短；对成熟期的砧木进行再修剪或将成熟期的接穗嫁接到成熟期，或者对成熟期的植株施以赤霉素，使得成年植物向幼年类型转变。

（3）树木的衰老与复壮。①树木的生命周期，由于物种和环境的不同，其生命周期也有很大的差别，裸子植物的生命周期要比被子植物长；②树木衰老的征兆，其代谢能力下降，生殖器官发育缓慢，顶端优势消失，枯枝增多，伤口愈合缓慢，心材形成，易受到病虫害的侵染，易受到不利的环境影响，根系的向地性反应消失，根系活力降低，光合组织占非光合组织的比重降低；③树木的复壮，老化过程是无法抵抗的，但可以做到局部恢复。通过深翻土壤、建立根系、多施氮肥和有机肥、使用植物生长调节剂、回缩树冠等方法，能对林木进行复壮，同时通过养分繁殖，可以恢复树体。

（二）园林植物的年生长周期

树木的年生长发育周期又叫小周期，是指树木每一年随着环境，特别是气候的季节性变化，在形态上和生理上产生与之相适应的生长和发育的规律性变化。

1. 树木年生长周期中的个体发育阶段

发育阶段是指植物正常生长发育和器官形成所必需的阶段。休眠和生长是年发育阶段中两种区分明显而又相关联的现象，与年发育阶段有关的主要是休眠期的春化阶段和生长期的光照阶段。

（1）春化阶段。芽原体在黑暗中穿行，故称为黑暗阶段。因为在经过黑暗期时，温度是主要的环境因子，因此，我们将引用春化阶段这个概念。根据不同的树种，春化阶段的气温也是不同的，根据这一点，我们可以将其划分为：冬型树木，在低于10℃的条件下通过春化阶段；春型树木，能在10℃以上的条件下通过春化阶段。不同的树种、类型和起源的不同，其所需的温度和所需的时间也不同。在种子期或休眠期，经历避光的一定低温过程，即经过了春化阶段。结果表明，采用低温层积法处理的落叶树种种子对种子的发芽有明显的促进作用。不同树木的休眠深度与其春化阶段所需时间是一致的。一般冬性强的树种，其休眠期更深，春化期所需的气温也更低，所需的时间也更长。

（2）光照阶段。树木在通过春化阶段以后，必须满足其对光照条件的要求，才能进行正常的生长发育和进入休眠，否则不能及时结束生长、组织不充实，冬季易受冻害。南树北移——日照时间加长、生长期延迟、易遭冻害；北树南移——日照时间缩短、光照不够发育延迟甚至不能开花结实。

（3）其他阶段。需要水临界期阶段（第三发育阶段）；嫩枝成熟阶段（第四发育阶段）。

2. 树木的物候

（1）物候的形成与应用。物候是指树木在一年中随季节的变化而发生萌芽、抽枝、展叶、开花、结果、落叶、休眠等规律性变化的现象；物候期则是与物候现象相适应的树木器官动态时期，或物候出现的期；物候相是不同物候期树木器官所表现出的外部形态特征。树木的物候是其长期适应环境的结果，具有遗传性。我们通过物候，了解植物的生理功能和形态发生的节律性，以及它们与自然季节的关系，从而为园林植物的种植和维护提

供科学依据。这些年来的物候数据可以为农业生产提供科学的参考，也可以作为其制定经营措施的依据。

（2）树木的物候特性。严格的时间顺序性；不一致性（或不整齐性）；重复性；重叠交错性。

（3）树木物候变化的一般规律。随着春、夏、秋、冬季节的推移，树木相应地表现出明显不同的物候相。大多数树木春季开始发叶生长、夏季开花、秋季果熟、秋末落叶、以休眠状态度过冬季。树木的物候期主要与温度有关，每一物候期都需要一定的温度量。

常绿树与落叶树的物候差异很大，常绿树没有明显的落叶休眠期，落叶树有较长时间的裸枝休眠期。不同树种物候进程不同，不同品种期物候进程也有差异；不同年龄时期，同名物候期出现的早晚也有不同；同一树种在不同地点或同一地点不同年份（年代）它们的物候也不同。

我国地处亚洲东部，大陆性气候显著，冬冷夏热。冬季南北温差悬殊，夏季则相差无几。一次物候的南北差异也有自己的特点。物候的东西差异主要是受气候的大陆性强弱的影响，各树木的始花期为内陆早近海地迟，推迟的天数由春季到夏季逐渐减少。物候也随海拔高度的不同而异。春季树木的开花期，每上升 100 米约延迟 4 天。夏季树木的开花期每上升 100 米约延迟 1～2 天。物候还受气候变迁的影响，即物候的古今差异以及受栽培技术措施的影响。

3. 树木的主要物候期

（1）萌芽期。从芽的萌发，到花蕾的开放，一直到叶的展出为止。发芽是树木从休眠期向成长期的标志，是从休眠向生长的过渡时期，需要一定的温度、湿度和营养。这时，温度起着决定性作用。另外，空气湿度和土壤水分也是种子萌发的必要条件，土壤过于干旱，树木萌动延迟，空气干燥有利于幼苗萌发。树木的栽植，尤其是裸根栽植，通常要在萌芽物候期结束前进行。

（2）生长期。从萌发后的幼叶生长至叶柄离层和叶片脱落为止为生长期。这个时期在年周期中占的时间最长，树木的形态发生了很大的改变，除了细胞的数量和体积的膨胀之外，还产生了很多新的器官。其中，成熟期主要表现为营养生长和繁殖生长。各生育期均经历萌芽、抽枝展叶、花芽分化和形成、开花结果的全过程。各种树木由于遗传性和生态适应性的不同，其物候期的顺序性、开始的迟早、持续时间的长短均有较大差异。

（3）落叶期。从叶柄到叶子全部脱落或完全失绿为止的时期。在枝条成熟后的正常落叶是生长周期的终点，并且其会进入休眠状态。正常的树叶脱落是由树叶老化造成的，而树叶老化又分为自然老化和刺激老化。秋季气温降低是造成落叶的重要因素，而日照时间缩短对落叶的影响较大。干旱、寒潮、光化学烟雾、高温、病虫害、土壤污染、开花结实消耗养分、土壤水分不足、光合作用不足等，均可导致异常落叶。生长素和乙烯则是控制树叶老化和脱落的重要因素，生长素防止脱落，而乙烯则促进脱落。

（4）休眠期。从叶片全部脱落或完全失去绿色，直至树液流出，芽开始膨大为止的时期。树木休眠是植物在演化过程中，为了适应恶劣的气候条件，如高温、低温、干旱等，所表现出来的一种特性。一般的休眠有冬眠和夏季休眠，休眠是生长发育暂时停顿的状态，但仍然有许多微弱的生理活动。根据其生态特征和生理活动特征，可以将其划分为两个时期，一是自然休眠（生理休眠）：树木器官本身生理特性所决定的；二是强制休眠：在自然休眠之后，由于环境不适合，无法发芽。休眠期是树木生命活动最薄弱的阶段，在这段时间内栽种树木，有利于成活；而对弱树进行深挖、切根，则会使根系再生，从而影响下一年的生长。所以，冬眠的起始与终止直接关系到树木的种植和维护。

二、园林植物常用繁殖技术

（一）有性繁殖

有性繁殖又叫种子繁殖。一般种子繁殖出来的实生苗对环境适应性较强，繁殖系数大。种子是一个处在休眠期的有生命的活体，只有优良的种子才能产生优良的后代。药用植物种类繁多，其种子的形状、大小、颜色、寿命和发芽特性都不一样。

1. 土地准备

土地准备包括耕翻、整地、作畦等，翻地时要施基肥。翻地后细碎土块以防种子不能正常发芽，根据植物特性和当地气候特点作畦，南方种植根类药材多采用高畦。

2. 播种期

药用植物特性各异，播种期很不一致，通常以春、秋二季播种为多。一般耐寒性差，生长期较短的一年生草本植物，以及没有休眠特性的木本植物宜春播，如薏苡、紫苏、荆芥、川黄柏等。耐寒性强、生长期长或种子需休眠的植物宜秋播，如北沙参、白芷、厚朴等。由于我国各地气候差异较大，同一种药用植物在不同地区播种期也不一样。

（二）扦插繁殖

1. 扦插繁殖原理

扦插繁殖是以植物营养器官的一部分，如根、茎、叶，在一定条件下，利用植物的遗传特性和组织再生能力，使这部分营养器官在脱离母株的情况下生长出其他营养器官，形成一个完整的植株。在扦插繁殖时，有些植物出现不定根、不定芽的情况是由形成层直接形成，另一些植物则须先产生愈伤组织，再由愈伤组织形成不定根、不定芽。扦插时要注意保持插条水分，如果插条在未形成不定根前失去水分，扦插就难以成功。扦插繁殖需要一些相应的设施，如温室、塑料大棚、简易小拱棚等。再采取一些技术措施，如激素处理、降低光照、增加湿度或降低温度等，才能保证扦插成活。扦插苗成本低、速度快，又能保持母株的优良特性，可在生产中大量繁殖苗木。缺点是扦插苗根系浅，抗风、抗旱、

抗寒、抗病能力稍弱，寿命短。

2. 扦插繁殖方法

扦插繁殖的种类很多，按插条来源可分为枝插、芽插、根插、叶插和鳞茎插。按扦插季节可分为嫩枝扦插和硬枝扦插。

（三）嫁接繁殖

嫁接繁殖是指把一种植物的枝条或芽接到其他带根系的植物体上，使其愈合生长成新独立个体的繁殖方法。嫁接繁殖的方法有三种：一是枝接法，分为劈接、舌接、靠接等形式，最常用的是劈接、切接。切接多在早春树木开始萌动而尚未发芽前进行。砧木直径2～3 cm为宜，在离地面2～3 cm或平地处将砧木横切，选皮厚纹理顺的部位垂直劈下，深3 cm，取长5～6 cm带2～3个芽接穗削成两个切面，插入砧木劈口，使接穗和砧木的形成层对准，扎紧后埋土。二是芽接法，芽接是在接穗上削取一个芽片，嫁接于砧木上，成活后由接芽萌发形成植株。根据接芽形状不同又可分为芽片接、枝接、管芽接和芽眼接等几种方法，目前应用最广的是芽片接。在夏末秋初，选径粗以上的砧木切一个丁字形口，深度以切穿皮层，不伤或微伤木质部，切面要求平直，在接穗枝条上用芽接刀削取盾形稍带木质部的芽，插入切口内，使芽片和砧木内皮层紧贴，用麻皮或薄膜绑扎。三是靠接法，将两株准备相靠接的枝条，相对一面各削去形状大小一致，长2～5 cm的树皮一片，然后相互贴紧，用塑料布条绑扎结实即成。成活后，将接穗从母株上截下。

（四）分株繁殖

分株就是把母株的根系用刀切割成若干个小植株，每个小植株上保留3～5个枝条或芽，也可直接从母株上切取根蘖苗，进行移植，形成新的植株。分株的时间一般选在春天发芽前或秋季落叶后，具有根蘖特性的乔木、生长强健的灌木和部分草本植物可用这种方法繁殖。根系少而粗壮的植物不可分得过细，否则难以成活。

（五）压条繁殖

压条是把生长在母株上的枝条压入土中或用其他湿润材料包裹，促使枝条被压部分生根，再与母株割离，定植为新植株的方法。压条的时间可以在休眠期或雨季进行，常用方法有：土压、单压、多压、平压、高压等。

（六）组培繁殖

植物组织培养步骤如下：培养基配制。可以自己购买所需的化学药品和其他材料，按照需要来配制培养基，也可以直接采购商品培养基。灭菌：灭菌是组织培养重要的工作之一。接种：接种时由于有一个敞口的过程，是极易引起污染的时期，这一时期主要由空气中的细菌和工作人员本身引起，所以，接种室要严格进行空间消毒。培养：培养是把培养材料放在无菌培养室里，分化形成愈伤组织，并进一步分化形成新植株的过程。园林生产中常用固化培养法来组培新植株，初代培养主要是获得无菌材料，继代培养才是获得大量组培苗的关键。过渡：试管苗在高温高湿的环境中长成，如果直接移植到大田，会造成大量试管苗的死亡，因此，必须先移植在温室中过渡一段时间，等小苗生长健壮后才可定植于苗圃中。

三、园林植物生长发育的调控

（一）光质对植物生长发育的影响

1. 光质视觉下的光信号转导途径

光是影响植物生长发育最重要的环境信号之一，在长期的进化中，植物形成了一套以光受体——E3泛素化连接酶复合体—转录因子为主的光信号调控网络。该调控网络几乎可作用于植物生命周期的整个过程，确保植物在种子萌发、光形态建成、庇荫反应、开花和衰老等生命活动和生理反应的正常进行。

（1）光信号识别——光受体。植物在进化中形成了多种光受体系统，从而接收光信号，并调控下游光信号转导系统。目前，植物中已知的光受体主要包括光敏色素、隐花色素、向光素类光受体等，其中对光敏色素和隐花色素的研究较为深入。

（2）光信号转导核心——COP/DET/FUS。CP/DET/FLJS所组成的3个组成型E3泛素化连接酶复合体位于光受体下游，并处于光信号转导途径的核心位置，抑制下游光形态建成。该复合物共有3个成员：COPT－SPA复合物、COP9信号体（CSN）、CDD复合物，其中，COP1最先被鉴定，CULLIN4（CUL4）则是连接这3种复合物的关键因子。

（3）光信号转导中的转录因子。光敏色素接收光信号以后，既可以通过COP/DET/FUS复合物调控转录因子的活性，影响下游基因的表达，也可以直接调节转录因子的活性。

（4）光信号转导中的其他作用因子。除了COP/DET/FUS之外，植物色素相互作用因子（PIFs）也是一组黑暗中光形态抑制因子。

2. 光质对碳氮代谢的影响

碳氮代谢是植物最基本的生理代谢过程，对植物产量和品质有重要影响。不同的光质可通过影响物质代谢、光合作用调节体内的碳氮平衡，如红光可促进陆地棉幼苗可溶性糖、蔗糖和淀粉的积累；蓝光可增加水稻叶片蛋白质含量；红/蓝（3∶1）光则可促进番茄碳同化及总糖的积累，提高氮代谢物质及其相关酶活性；红/蓝（1∶3）则使烟草叶片蛋白质含量和硝酸还原酶活性显著提高。当然，不同植物对光质的响应存在差异，探究不同光质条件下某一植物干物质积累、碳氮组分含量及其关键酶活性的变化，还须具体设计试验来验证。

3. 光质对激素含量的影响

植物的五大激素包括脱落酸（ABA）、细胞分裂素（CTK）、赤霉素（GA）、生长素（IAA）和乙烯（ethylene）。其中，ABA 促进植物衰老，而 IAA、GA、CTK 则延缓衰老。有研究表明，光质可以影响植物体内的激素含量，例如，蓝光能提高吲哚乙酸氧化酶的活性，降低 IAA 水平，抑制植物生长；红光促进 IAA 的生物合成，提高植株体内 IAA 的含量；而蓝光照射下植物 ABA 含量升高，红光则能降低 ABA 水平，这可能与光敏色素的调节有关，然而光质对植物激素的进一步调控机制尚未清楚。

总体来说，光质对植物生长发育的各个方面都具有重要作用。我国既是农业大国也是园艺大国，研究光质对植物生长发育的影响，是对植物照明应用技术理论的完善与补充，对于设计出一套高成效、低耗能的人工种植光控条件设施方案，从而进一步应用于作物培育、园林观赏等生产实践中具有重要意义。

（二）生长周期中植物衰老及调控

植物生长发育过程是指植物生命所经历的全过程。植物个体发育最初是从受精卵开始，由受精卵分裂再经由种子萌生出支撑植物的营养体，继而形成生殖体，促进植物吐花授粉和受精结果等，直到植物的衰弱和死亡。植物的衰老就是植物生长发育这一生的最后一个阶段，是指植物能将体内所产生的有关营养物质输出植物体内，被外界新生的植物吸收并利用，是无限循环的过程。植物衰老死亡某种程度上是植物对环境产生的反应，外界环境因子的诱导也是植物衰老死亡的原因之一。自然环境中，植物的衰老死亡也是植物所必然经历的阶段，但可以在外因和内因上研究查找并分析植物的衰老机制，人为减缓植物衰老死亡的速度。减缓植物衰老的进度，对在提高林业农业的产量，提高农林产品质量，以及促进园林绿化保持和发展等有着十分重要的现实意义。

1. 植物衰老的定义

衰老受到植物内外多因素的影响，是植物组织和器官发展的最后阶段。内部因素主要是指植物自身的发育过程中有关遗传基因的控制，外部因素指的是植物所处的外界环境（水分、光照、温度、土壤等）因素的影响。植物的衰弱死亡，具有十分显著的生物学意义；生长阶段，植物在其成熟的叶片中积累很多的物质，如碳有机化合物等矿物质，这些物质被不断地分解并输送到植物各个生长器官。植物在长期的自然进化和对环境的适应基础上，会根据自身需求有选择地使其体内的部分细胞、器官、组织有秩序地死亡。经有关 PCD 分子机制的研究表明，核基因和线粒体的共同作用是造成植物细胞衰老死亡的程序，这一程序是连续性的，也是主动性的程序化反应。植物衰老不仅只是对自然环境中季节变化的适应，也是有效避免不可测胁迫因子的适应性策略。

2. 植物衰老的生理变化

植物生长速度慢慢下降是其开始衰老的一个普遍现象，进一步表现就是植物器官的颜色开始变化，部分植物的叶和果慢慢由绿色变黄色，再逐渐变成红色等外部症状。关于植物衰老，外表所能接收到的第一讯息通常是植物叶片变黄。因为在植物叶片衰弱死亡过程中叶绿体的变化表达最为迅速，叶绿体的合成速度慢于降解速度。与此不同的是，线粒体和细胞核结构直至植物衰老，几乎不会发生变化。植物叶片衰弱在后半部分阶段，表现为其内部液泡崩裂，染色质缩小变淡，原生质膜完整性缺失，致使植物细胞内部的平衡被破坏，最后，植物细胞衰竭。植物衰老不仅表现为叶片变黄，还表现为植物体内的蛋白质、核酸以及细胞保护酶的含量下降，以及呼吸作用效率减慢，光合作用效率逐渐衰弱以及细胞内部基因激素的平衡被打破。

3. 植物衰老机制的调控途径

植物衰老的原因也包括内外两个因素，通过内部生长基因以及外部生存条件来控制植物衰弱进程。从 20 世纪 50 年代开始，研究人员就已经用生长素来研究如何调控植物生长速度，他们根据对植物衰老过程中各种激素含量的变化以及植物叶片衰老的各方面影响数据，将影响植物生长的激素分为两类：一类是延缓植物叶片衰老的激素，另一类则是促进植物叶片的衰老进程的激素，其中细胞分裂素是调控叶片衰老的重要“负性”激素，即细胞分裂素很大程度上可以减缓植物叶片衰老的进度。而乙烯则是调控叶片衰老的重要“正性”激素，可以大大加快叶片的衰老速度，但在不同的植物机能中调控效果也不相同。由于植物导管四处通达，植物生长激素也互相流通，激素对植物叶片衰老的调控，会与植物种类、生长生理状态，甚至和所用的激素浓度都有着密不可分的关系。

秋季最明显的外界环境变化是气温的下降，比较容易被人们以及植物体准确直接地感受到并做出相应的反应，这也是导致落叶乔木叶片凋零衰老飘落的因素之一。Gill 等整理分析了北半球 1931 年到 2010 年的 80 年间，9 月至 11 月时植物叶片的衰老时间数据，研究发现温度影响植物叶片衰老，与纬度有着十分紧密的关联，不同的纬度地区对植物叶片影响不同；低纬度地区（25～49°N）的温度变化比高纬度地区（50～70°N）的温度变化对叶片衰老的影响更大。纬度不同的地区其光周期变化也不同，以此影响了叶片衰老速度。而春秋两季叶片受温度调控的不同之处是，秋季比春季的外界环境更为复杂，有各种自然灾害，如干旱、早霜、强风等都是可能引起叶片早衰的原因。而春季的雷雨则是引起植物新生长的因素。

干旱能够在很大程度上严重困滞全世界的农作物生长。干旱环境下的植物容易被诱导，产生对外界环境的错觉感知进而加快自身植物叶片的衰老。如抗旱型黑杨和干旱逃逸型黑杨在干旱环境下产生完全不同的反应：抗旱型黑杨可以促进叶水分的释放和相关性能的生长与表达；而干旱逃逸型黑杨加速调节细胞的衰弱死亡。

盐胁迫也日益成为影响农作物产量的一个因素，且影响力在不断上升。在盐胁迫下，VNI2 基因调控并促进相关抗性基因的表达，以减缓植物的衰老。如今土壤深受重金属的

危害，水和土壤受到污染直接导致植物相继受到严重迫害，导致植物叶片衰弱直至死亡，这是全球都面临的一个严重问题。通过细菌和生物炭的协调作用来提高重金属胁迫是目前研究的一个新方向，如镉可以强烈抑制甚至毒害植物生长。

第三节　园林植物多样性分析

在此，以贵州摆龙河国家湿地公园的园林植物为例，对园林植物群落及植物多样性进行分析，以更好地阐述园林植物多样性。

一、植物多样性指数计算

（一）重要值计算

综合考虑到植物生态学特征，同时结合研究区内的生境特征，本研究选择采用以下4个植物特征值进行各植物群落内的重要值及植物群落的相关指标的计算，计算公式如下：

①密度（D）＝样方内某个种个体数/统计样方内所有种总个体数

相对密度（RD）＝（某个种的密度/全部种的总密度）×100％

②频度（F）＝某个种在统计样方内出现的次数/所有种在统计样方内出现的总次数

相对频度（RF）＝（某个种出现的频度/全部种的总频度）×100％

③优势度或显著度（DE）＝样方内某个种的盖度＝某个种地上部分垂直投影面积/样方面积

相对优势度或相对显著度（RDE）＝（某个种的优势度/所有种的优势度之和）×100％

④植物重要值（IV）＝（相对密度（RD）＋相对频度（RF）＋相对优势度（显著度）（RDE）/3

（二）植物多样性指数计算

植物多样性是群落物种构成及其稳定性的表征，它体现了植物群落内的植物种类组成、群落层次结构、群落演替结构以及与周边环境的关系。

在植物群落调查数据整理的基础上，分别对以下几个植物多样性指数进行计算。

1. 物种丰富度指数

群落内物种的丰富度是某生态区植物群落内调查样方中植物种数的平均值，可以直观地展现植物群落内物种构成的丰富程度，Margalef 指数（马格列夫指数）是可以表示植物群落中物种数目的多少，及植物群落内植物种类丰富度程度的指数。

2. 物种多样性指数

Shannon－Winner 指数是综合植物群落丰富度和均匀度而调查群落内植物多样性高低

的测度指数，是 α－多样性指数，常与 Simpson 多样性指数一起使用。

3. 物种优势度指数

Simpson 多样性指数是生态优势度指数，该指数表达了在植物群落中随机取样两种植物是同一种的概率，是衡量种群在群落中作用大小的重要指标。

4. 物种均匀度指数

物种均匀度指数也是物种相对多度指数，阐释了群落中全部物种个体数目的分配状况，反映了群落中不同物种的生物量、盖度等分布的均匀程度，一般来描述物种中的个体的相对丰富度或占比情况，Pielou 均匀度指数是基于 Shannon－Wiener 指数来进一步计算的多样性指数。

二、园林植物群落组成

贵州摆龙河国家湿地公园园林植物种类共有 188 种，隶属 78 科 167 属。科和属是植物多样性研究中常见的分类单位，两者均反映了植物在不同水平上的相似性和亲缘关系，本研究在科、属、种层次上从多方面对研究区植物多样性进行分析，以此揭示研究区内植物特征的总体概况。

（一）植物的科属种分布特征

研究区植物共有 78 科，其中具有 20 及 20 种以上的大型科（≧20）仅有菊科一科，包含 20 属 22 种，占研究区所有植物属和种的比例分别为 11.98 %和 11.70 %；具有 10～19 种的小型科有禾本科和蔷薇科两个科，共包含 25 属 30 种，占研究区所有植物属和种的比例分别为 15 %和 15.96 %；具有 2～9 种的寡种科共有 29 科，以豆科、唇形科、伞形科、桑科为代表，共包含 76 属 90 种，占研究区内所有植物属和种的最大比重，分别为 45.51 %和 47.87 %，可见研究区内植物主要集中在寡种科；单种科共有 46 科，占较大比重，是研究区所有植物属和种的比例分别为 27.54 %和 24.47 %。[①] 各科型所含植物科、属、种个数如图 1-1 所示。

① 李卫亮，陈慧，刘仁林．赣南师范学院黄金校区木本植物多样性特点分析［J］．江西科学，2012，30（002）：140-151.

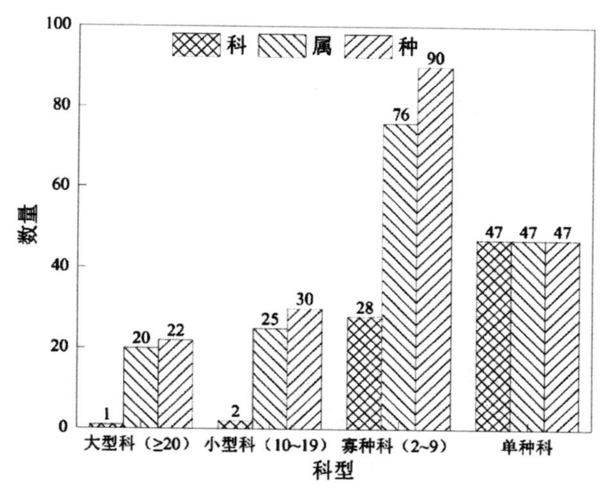

图 1-1　植物科型分析

由此可知，研究区内植物优势科为菊科、禾本科、蔷薇科、豆科、唇形科、伞形科、玄参科、桑科，其中菊科分布最为广泛，含 20 属 22 种，禾本科含 15 属 17 种，蔷薇科含 10 属 13 种，豆科含 8 属 9 种，唇形科含 6 属 8 种，伞形科含 4 属 5 种，玄参科含 4 属 5 种，桑科含 4 属 5 种，共含 67 属 79 种，占研究区植物属的 40.12 %、种的 42.21 %。研究区内寡种科和单种科占较大比例，植物配置涉及科广泛，并未集中在个别科。

（二）植物的科属种组成

研究区内植物共 78 科，按不同科所含属数和种数的不同从大到小的排序，并对摆龙河国家湿地公园研究区内 188 种植物按不同科所含植物种数从大到小整理排序，对该排序所含种数进行累计计数，如表 1-1 所示。

表 1-1　植物优势科分析

序号	科名	属数	种数	科的累计占比（%）
1	菊科	20	22	11.70
2	禾本科	15	17	20.74
3	蔷薇科	10	13	27.66
4	豆科	8	9	32.45
5	唇形科	6	8	36.70
6	伞形科	4	5	39.36
7	玄参科	4	5	42.02
8	桑科	4	5	44.68
9	蓼科	2	4	46.81
10	毛食科	3	4	48.94

续表

序号	科名	属数	种数	科的累计占比（%）
11	忍冬科	3	4	51.06

研究区植物中菊科植物分布最为广泛，有 20 属 22 种。植物种类较多的科还有禾本科，含植物 15 属 17 种；蔷薇科，含植物 10 属 13 种；豆科，含植物 8 属 9 种；唇形科，含植物 6 属 8 种；伞形科，含植物 4 属 5 种；桑科，含植物 4 属 5 种；蓼科，含植物 2 属 4 种；毛莨科，含植物 3 属 4 种；忍冬科，含植物 3 属 4 种。这 10 个科共包含 75 属 91 种，分别占研究区植物属和种的 44.91%、48.40 %。可见研究区内优势科为菊科、禾本科和蔷薇科，且优势科在植物组成中占有突出地位。

研究区内优势科为菊科、禾本科、蔷薇科、唇形科、伞形科和玄参科，与中国植物科数含量排行前十：菊科、兰科豆科、豆科、禾本科、大戟科、茜草科、唇形科、莎草科、蔷薇科、十字花科具有相似性。研究区内菊科、禾本科、蔷薇科植物分布最多，对研究区内植物多样性指数数据影响最大，且含种数多的前 11 科累计值和大于 50 %，且前 6 科增长速率较高，前 3 科增长速率最高。

摆龙河国家湿地公园研究区内植物经调查整理数据后可知，植物共 167 属，按各属所属科型和所含种数大小进行降序排列，如表 1-2 所示。

表 1-2　植物优势属分析

序号	科名	属名	种树
1	蓼科	蓼属	3
2	菊科	蒿属	3
3	蔷薇科	蔷薇属	2
4	蔷薇科	委陵菜属	2
5	蔷薇科	悬钩子属	2
6	禾本科	狗尾草属	2
7	禾本科	马唐属	2
8	唇形科	风轮菜属	2
9	唇形科	香茶菜属	2
10	伞形科	天胡姜属	2
11	豆科	车轴草属	2
12	忍冬科	荚迷属	2
13	壳斗科	栋属	2
14	毛食科	银莲花属	2
15	桑科	榕属	2

续表

序号	科名	属名	种树
16	玄参科	醉鱼草属	2
17	凤尾蕨科	凤尾蕨属	2
18	茄科	茄属	2
19	藤黄科	金丝桃属	2

研究内植物种类较多的优势属是蓼属和篙属都包含 3 个种，蔷薇属、委陵菜属、悬钩子属、狗尾草属、马唐属，风轮菜属、香茶菜属、天胡荽属、车轴草属，荚迷属，栋属，银莲花属、榕属、醉鱼草属、凤尾旅属、茄属、金丝桃属这 17 个属包含 2 个种；除此之外的属都为单种属，单种属植物共 148 种，占研究区内所有属的 88.62 %。

由此可知，在贵州摆龙河国家湿地公园研究区内植物群落中，优势科显著，但寡种科和单种科占据主要成分，相较于优势科，优势属的显著性较低，且大多为寡种属和单种属，而大型属和小型属较少。

二、植物重要值特征分析

贵州摆龙河国家湿地公园共有植物 188 种，大量应用了乡土树种以及适应能力较强的外来树种，其中重要值超过 1.0 的植物排序如表 1-3 所示。

表 1-3 植物重要值排序表

序号	植物生长型	植物种	科	重要值
1	一、二年生草本	马唐	禾本科	8.2500
2	常绿乔木	刚竹	禾本科	7.1042
3	多年生草本	白茅	禾本科	6.9167
4	多年生草本	狗牙根	禾本科	5.7292
5	多年生草本	草草	禾本科	5.6458
6	多年生草本	车轴草	豆科	5.1458
7	多年生草本	石竹	石竹科	4.3542
8	一、二年生草本	牛筋草	禾本科	3.6667
9	多年生草本	假俭草	禾本科	3.1458
10	多年生草本	马兰	菊科	3.0833
11	多年生草本	鼠尾粟	禾本科	2.6875
12	多年生草本	毛食	毛食科	2.0833
13	多年生草本	雀稗	禾本科	1.8958
14	多年生草本	天胡姜	伞形科	1.7292

续表

序号	植物生长型	植物种	科	重要值
15	多年生草本	白车轴草	禾本科	1.3125
16	多年生草本	火炭母	蓼科	1.1458
17	多年生草本	短叶水蜈蚣	莎草科	1.0833
18	一、二年生草本	蕾香蓟	菊科	1.0208

由表可知，草本植物的数量在重要值较高的植物中占有绝对的优势，其大多为多年生草本，重要值排名的前18种植物中乔木植物仅有一种；重要值高的植物主要包括禾本科、豆科、石竹科、菊科、毛莨科、伞形科蓼科和莎草科，其中禾本科占绝大部分。由重要值排序可知，马唐、刚竹、白茅、狗牙根和草草在整个研究区内运用最广泛，是重要的基调植物，其中刚竹运用极为广泛，是重要的基调树种。较整体而言，乔木植物和灌木植物的应用相对匮乏，在垂直方向上缺乏造景的高差变化，应加强常绿乔木的配植，以此加强研究区内的四季色相变化，且应加强辅助植物的多样化，将常绿树种与落叶树种和灌木植物、草本植物的花期与花色相搭配做到季相变化。

三、不同景观类型的植物多样性指数及特征

摆龙河国家湿地公园绿地植物共78科167属188种，其中常绿乔木13种，落叶乔木15种，乔木植物共28种；常绿灌木14种，落叶灌木26种，灌木植物共40种；一、二年生草本30种，多年生草本76种，草本植物共106种；草质藤本4种，木质藤本10种，藤本植物共14种。

将不同景观类型内所采集的植物按乔木层、灌木层、草本层、藤本层划分，整理植物数据并进行植物多样性指数计算。为确保植物多样性分析的全面性和准确性，本研究选取Margalef丰富度指数（R）、Shannon－Wiener多样性指数（H′）、Simpson优势度指数（D）、Pielou均匀度指数（T）四种植物多样性指数来测度研究区植物多样性。

（一）丰富度指数

将农田景观、林地景观、河岸景观、居住区景观、道路景观、库岸景观6种景观类型内所有植物数据共同进行Margalef丰富度指数计算，再按植物类型划分的乔木层、灌木层、草本层、藤本层分别进行Margalef丰富度指数计算，如表1-4、图1-2所示。

表1-4　摆龙河国家湿地公园各景观类型Margalef指数

景观类型	农田景观	林地景观	河岸景观	居住区景观	道路景观	库岸景观
Margalef丰富度指数	8.769	13.001	8.496	4.873	8.778	5.193

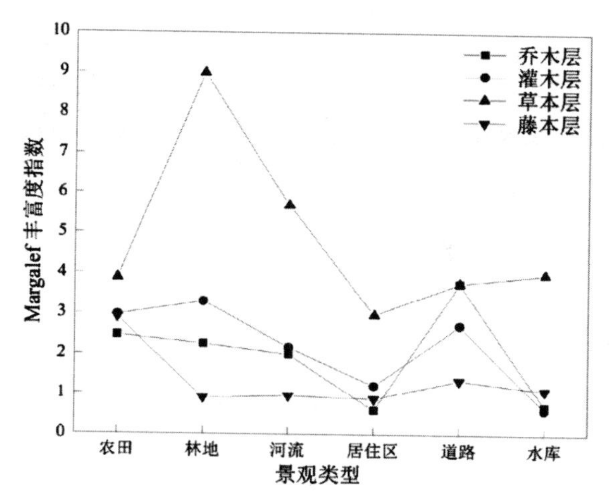

图 1-2　各景观类型不同植物层次 Margalef 指数比较

Margalef 丰富度指数可以反映群落内物种数量单一还是丰富，由上述数据可知不同景观类型内植物种类的丰富程度：四个植物层次上丰富度指数变化趋势差异较大，灌木层和藤本层的植物丰富度波动趋势较为一致，草本层的丰富度指数在各景观类型上均远高于其他植物层次，藤本层的丰富度指数最低；同时，林地景观和道路景观、农田景观及河岸景观的丰富度指数较高，居住区景观、库岸景观的丰富度指数较小。其中居住区景观的丰富度指数最小，且图中可以看出居住区景观在四个植物层次的丰富度指数所呈现的分布趋势除灌木层以外均呈最低。林地景观的 Margalef 丰富度指数远高于其他景观，且主要由草本层占据主导地位，农田景观的各植物层次丰富度分布更均匀于道路景观和河岸景观。由于研究区内的植物群落中以草本层为主，缺少乔木层和灌木层的植物配置，导致库岸景观的乔木层和灌木层 Margalef 丰富度指数较低。

（二）多样性指数

将农田景观、林地景观、河岸景观、居住区景观、道路景观、库岸景观六种景观类型内所有植物数据进行 Shannon－Wiener 多样性指数计算，再按植物类型划分的乔木层、灌木层、草本层、藤本层分别进行 Shannon－Wiener 多样性指数计算，如表 1-5、图 1-3 所示。

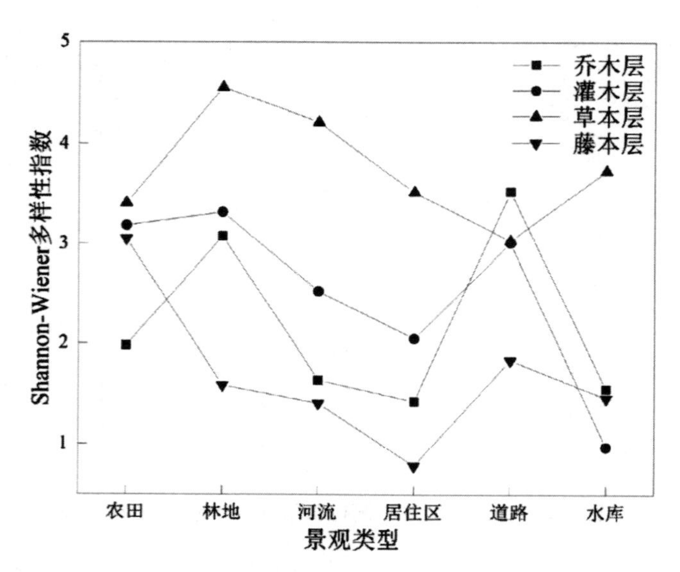

图 1-3　各景观类型不同植物层次 Shannon－Wiener 指数比较

表 1-5　摆龙河国家湿地公园各景观类型 Shannon－Wiener 指数

景观类型	农田景观	林地景观	河岸景观	居住区景观	道路景观	库岸景观
Shannon－ener 多样性指数	4.133	5.097	4.434	4.152	4.454	3.935

Shannon－Wiener 指数在一定程度上反映了不同景观类型内不同层次的植物组成方面的差异，由表内数据可知林地景观的 Shannon－Wiener 指数最高，表示林地景观内植物多样性最高，林地景观群落内的植物所含信息最多，不确定性最大，群落内的未知因素也最多，道路景观、河岸景观、居住区景观、农田景观的植物多样性次之，库岸景观的植物多样性最低；在优势生长型草本层中，林地景观的植物多样性最高，河岸景观、库岸景观、居住区景观、农田景观次之，道路景观最低，与景观层次的植物多样性较为一致。

从图可以看出，草本层和藤本层的 Shannon－Wiener 指数波动幅度较小，乔木层和灌木层的 Shannon－Wiener 指数波动较大，且乔木层和灌木层的波动较为一致。因为木本植物对景观结构较为敏感，所以乔木层和灌木层的 Shannon－Wiener 多样性指数受影响较大。

（三）优势度指数

将农田景观、林地景观、河岸景观、居住区景观、道路景观、库岸景观六种景观类型内所有植物数据进行 Simpson 优势度指数计算，再按植物类型划分的乔木层、灌木层、草本层、藤本层分别进行 Simpson 优势度指数计算，如表 1-6、图 1-4 所示。

表 1-6　摆龙河国家湿地公园各景观类型 Simpson 指数

景观类型	农田景观	林地景观	河岸景观	居住区景观	道路景观	库岸景观
Simpson 多样性指数	0.899	0.953	0.922	0.924	0.902	0.893

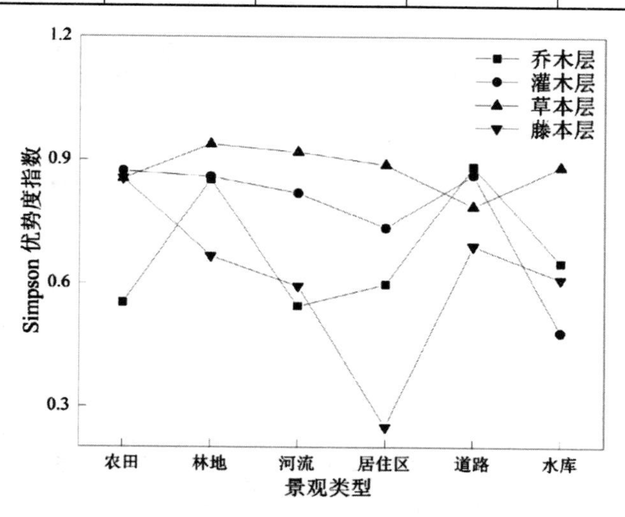

图 1-4　各景观类型不同植物层次 Simpson 指数比较

Simpson 生态优势度指数是衡量群落中植物优势度大小的重要指标，是随机抽取两个植物个体属于不同种类的概率，且 Simpson 指数相较于 Shannon－Wiener 指数对植物均匀度更为敏感。由上述数据可知林地景观的优势度指数最大，库岸景观的优势度指数最小，林地景观的物种优势度最低，奇异度最高，库岸景观的物种优势度最高，奇异度最低。

由图可知，藤本层的 Simpson 指数的极值差异最大，藤本层的农田景观的 Simpson 指数最大，且与居住区景观的 Simpson 指数差异显著。由此可知在藤本层次上农田景观的植物物种优势度最小，基础植物种地位不显著，而居住区景观的植物物种优势度最大，基础植物种存在显著；而草本层次的 Simpson 指数极值差异最小，草本层内林地景观的 Simpson 指数最大，植物物种优势度最低，道路景观的 Simpson 指数最小，植物物种优势度最大，在景观营造中基础植物的地位较突出。

（四）均匀度指数

将农田景观、林地景观、河岸景观、居住区景观、道路景观、库岸景观六种景观类型内所有植物数据进行 Pielou 均匀度指数计算，再按植物类型划分的乔木层、灌木层、草本层、藤本层分别进行 Pielou 均匀度指数计算，如表 1-7、图 1-5 所示。

表 1-7　摆龙河国家湿地公园各景观类型 Pielou 指数

景观类型	农田景观	林地景观	河岸景观	居住区景观	道路景观	库岸景观
Pielou 多样性指数	0.594	0.690	0.661	0.698	0.814	0.601

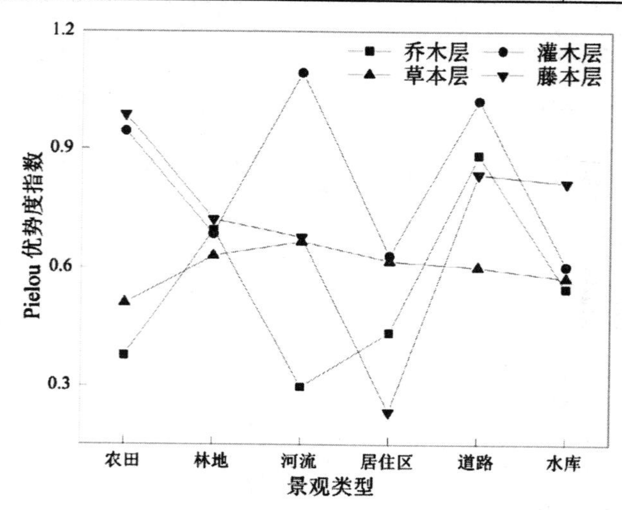

图 1-5　各景观类型不同植物层次 Pielou 指数比较

Pielou 均匀度指数用来描述群落中植物在斑块内分布的均匀程度，与 Shannon－Wiene：指数相关。由上述数据可知，各景观类型的均匀度指数差异显著，仅林地景观内各植物层次 Pielou 均匀度指数较稳定；在不同景观类型中道路景观的 Pielou 指数最高，农田景观的 Pielou 指数最低，而道路景观内植物分布均一度较农田景观内植物分布的均一度高。在植物层次上，灌木层中河岸景观的 Pielou 指数多样性在整组数据中最高，且均匀度最低，而草本层的 Pielou 指数极值差值最小，均匀度差异较小，而藤本层的 Pielou 指数极值差值最大，植物的均匀度差异也最为显著，在今后的景观营造中应注重藤本植物的配置。

第二章　园林植物造景研究

植物造景既然是设计，必然要满足美学要求。一个空间要想对人具有吸引力，必须是美的、视觉舒适的。园林植物的枝干、叶、花、色彩、季相变化等通过一定的艺术化布局可为人们营造出一幅幅美丽的画面，这既有利于人们的学习与生活，更能成为人们脑海中挥之不去的记忆。

第一节　园林植物造景概述

一、园林植物造景概念

（一）植物造景

植物造景就是充分表现和发挥植物的美感，包括其色彩和体态。植物造景的材料以自然式植物为主，既包括我们常见的乔灌木，也包括独具特色的藤本植物和草本花木，与建筑、道路、小品相比，是一种形式灵活的软质景观。植物造景须同时满足科学性和艺术性，科学性是指植物的选择和配置要满足其生态适应，保证植物能在环境中健康生长；艺术性是指造景过程须符合艺术构图原理，能使观赏者产生美的感受和联想。

人们将建筑看作是“凝固的音乐”，而把植物景观视为“流动的旋律”，植物造景并不是一个执行于某一段时间或完成于某一个瞬间的动作，而是一个动态的过程。植物造景的旋律由景物—意境—情感—哲理四个阶段组成，其中的每一株植物，乃至每一片树叶都具备自然生命的气息，在其生长的过程中不断呈现新的动态景观。因此，植物造景是自然环境的主旋律，是一种高水平创造手段。

（二）园林植物造景

园林植物造景是指利用乔木、灌木、藤本植物、草本植物等材料，按照园林植物的生态习性、造园艺术布局等要求通过艺术手法，结合园林环境条件的作用，充分发挥植物形体、线条、色彩等方面的美，创造与园林周围环境相适应、协调，并可以表现一定意境或具有一定功能艺术空间的活动，以供人们游乐、观赏。因此，植物造景必须遵循一定的科学性和艺术性，既要注重生态适应中植物与环境的统一，又要以适当的艺术创作为指导，力求体现植物个体和群体的形式美。

园林植物造景是一门集科学与艺术于一体的综合应用性学科。园林植物造景主要包括两个方面，一是各种植物之间的造景，要考虑植物种类的选择与组合、平面与立面的构图色彩季相和园林景观意境；二是植物与水体、山石、建筑和园路间的搭配。

园林植物不仅能创造优美雅致的生活环境，而且能表达出人们强烈的情感、反映出人们的意识形态，进一步满足人们的精神需求。因此，植物造景设计的基本原则不仅要在生态适应上满足植物与环境的统一，而且要通过艺术构图的原则体现出植物个体和群体的形式美。因此，园林植物造景不仅包括利用植物创造视觉艺术效果的景观，还包括生态景观和文化景观。

二、园林植物造景理论

（一）美学原理

1. 形式美原理

构成形式美的要素是形体、色彩、质感、空间。形式美原理也是围绕这几个要素展开的，主要包括统一与变化、对比与协调、均衡与稳定、比例与尺度、韵律与节奏。

统一与变化原则：植物造景要整体协调统一，局部富有变化。铺装与植物造景就有统一与变化原则的运用，例如，粗糙的阔叶沿阶草与粗糙的卵石铺装的搭配，同为粗糙的质感形成统一性，但两种软硬不同的造景要素又构成了变化。

对比与协调原则：对比原则在园林设计中常用来形成视觉冲击感强烈、印象深刻的景观。个性化景观的创造需要对比与协调原则的合理运用，尤其是垂直向上植物与圆球植物组合，其对比非常强烈。例如，雪松与修剪成圆球形的小龙柏球，垂直向上的雪松，形象强烈深刻，小龙柏球则浑圆憨厚，饶有趣味，二者组合收放兼具，形成景观焦点。

均衡与稳定原则：由于对称均衡常使设计略显呆板，在中国园林中运用较少。设计中常用的为不对称平衡，其没有明确的对称轴和对称中心，但有稳定的构图中心。植物种植设计中大多采用这种形式。

比例与尺度原则：自古以来，比例与美感相伴相生。经典实用的比例关系有：黄金分割比（0.618）、整数比、平方根矩形、勒·柯布西埃模数体系，如图 2-1 所示。同所有艺术形式一样，植物造景必然存在着比例与尺度的问题。值得注意的是，在园林中植物的应用范围最为广泛，而其外形往往会随时间推移不断变化，设计师须预见植物多年后的长势，并且在养护管理上也要跟进必要的整型与修剪，这一点对园林植物景观长期维持合宜的比例与尺度尤为重要。

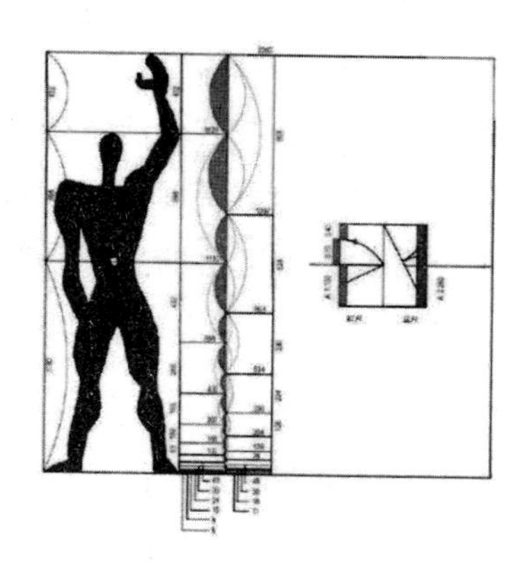

图 2-1 勒·柯布西埃模数体系

韵律与节奏原则：韵律源于重复，分为简单韵律、渐变韵律、交错韵律。植物造景中的韵律常见于道路种植中，一棵棵树木等距而植，强调道路方向，给人韵律跳跃之感。如杭州西湖白堤碧桃与垂柳在春季来临之时形成“桃红柳绿”之境，使人感受到春天的气息，并且很好地烘托了白堤这一景观，如图 2-2 所示。

图 2-2 杭州西湖白堤桃红柳绿形成韵律

2. 意境美原理

意境美是园林设计的崇高境界。意境美的营造虽无定法，但亦有章可循。意境美的营造方式包括以下三种：一是托物言志，赋予植物以人类的高尚品质，将植物拟人化；二是借助人的视觉、听觉、嗅觉等多个感官感知景观，将对植物的欣赏通感化；三是以植物为主题进行诗词书画、景点名称创作，该方法常与植物拟人化结合使用。

（二）生态学原理

1. 小气候效应

小气候营造一直伴随着园林设计，我国古典园林叠山理水之中蕴含着丰富的小气候营造理论。近年来，小气候研究在园林中有量化、科学化的趋势。例如，熊瑶等以瞻园为例，对江南私家园林小气候营造进行量化分析，总结设计宜人小气候环境的手法，启发了小尺度园林的空间营造。①

---

① 熊瑶，金梦玲．浅析江南古典园林空间的微气候营造：以瞻园为例［J］．中国园林，2017（4）：35-39.

2. 尊重植物群落的自然特点

植物群落是城市绿地的基本构成单位，是城市绿地系统生态功能的基础，是提高绿地景观丰富度的前提，也是城市绿化发展水平的重要标志。只有科学地遵循植物的生长习性与环境特性选择植物，尽量模拟本土自然植物群落的生长态势进行植物配置，才能创造出健康生长的植物群落。

（三）环境行为学原理

场理论公式（行为）B=f（人 P·环境 E）表明行为受环境和自身两方面影响。景观环境设计应注重人在场所空间中的环境心理行为研究，从而准确规划“人的体验”，做到以人为本。

1. 领域性

人在景观环境中活动呈现领域性的特征，扬·盖尔在《交往与行为》中对人际距离进行了分类，如表 2-1 所示。除了可见的人与人之间的实际距离外，个人在心理上也需要一个既不可见又不可分的空间，在心理学上称为“气泡”。宏观层面上，场地中人的分布具有领域性。具体到植物造景，人的领域性需求在景观处理上不一定需要明确的界限，一棵孤植树便可以形成领域性，又如通过在场地周围密植树木，可形成场地的私密性，也是领域性需求的一种体现。

表 2-1 距离和交往的关系

距离	交往程度
100 m	可根据服饰或走路姿态辨认出较熟悉的人
20～25 m	看清表情，能够进行有社会意义的面谈
1～3 m	略有细节的一般交谈
0～0.5 m	亲密交流

2. 多样性

植物造景中有丰富林缘线的开阔大草坪、曲折的种植池式座椅会吸引人们聚集活动，是边界处理的佳例，如图 2-3 所示。

图 2-3 边缘曲折的种植池

3. 宜人性

单株植物有它的形体美、色彩美、质地美、季相变化美等；丛植、群植的植物通过形状、线条、色彩、质地等要素的组合以及合理的尺度，加上不同绿地的背景元素（铺地、地形、建筑物、小品等）的搭配，既可美化环境，为景观设计增色，又能让人在无意识的审美感觉中调节情绪，陶冶情操。例如，植物造景中要求三季有花，四季有景，也是人们对环境宜人性需求的体现。反之，萧条的景观、刺鼻的气味、喧哗的声音、不舒适的体感、过于空旷的环境都会使人产生负面感受而退避空间。

4. 趋光性

人们往往喜欢光线充足的空间；阴暗的空间则削弱人的活动欲望，了无生气。因此，在景观环境中应减少空间在白天的阴影面积与郁闭感，在夜晚则选择暖色调的光源延长人们的活动时间。

由于良好的视野能够避免与陌生人对视的尴尬，缓坡和台阶往往成为最聚集人气的地方。开阔的坡地草坪若视野良好，常会有较高的人气。

5. 便捷性

对于草坪上或路边绿化带上踏出的一条条小径，设计时要么对可能抄近路的路段进行预测并适当引导，设置必要的道路；要么设置强度适当的围挡，如用有刺的植物（紫叶小檗）做绿篱对人的行为进行限制。

6. 安全性

人们需要依托的安全感，有靠背的座椅、树干、曲折变化的建筑外立面、凹空间、角等使人们的安全感得到满足，避免了与陌生人的尴尬对视。

三、园林植物造景功能

在园林绿化的景观营造中，植物作为主要的材料在很大程度上影响着园林绿化的经济、美观和实用。因此合理的园林植物配置可达到不同的造景功能。

（一）营造时序景观的功能

随着时间的变化和季节的更替，植物会展现出各种不同的季相特征。而自然界春季的花团锦簇，夏季的绿荫盎然，秋季的硕果累累，冬季的枝干遒劲无不展现着一岁一枯荣的生命轮回。植物的季相变化为营造时序景观创造了条件，造景中将花期、果期不同的植物进行合理的配置，可使同一地点的植物景观在不同的季节展现不同的观赏效果。

利用植物营造时序景观首先应对植物的生长情况和季相特征有明确深入的了解，根据植物在不同季节的观赏特点进行配置，做到全年有景可赏。自然中植物的色彩、香气、姿态变化丰富。春季百花齐放，蜂蝶起舞，加之叶芽萌动，给人以万物复苏，生机盎然之感；夏季绿树成荫，花团锦簇，灿烂阳光照射下，给人以林草繁茂、热情似火之感；秋季丹桂飘香，红叶纷飞，凉爽秋风中，给人以硕果累累，天高气爽之感；冬季虽万物凋零，但皑皑白雪中，依旧有松柏长青，凌霜傲雪，给人以苍茫遒劲之感。根据不同植物的不同季相特征进行植物配置，即可营造不同的时序景观。

（二）凸显空间变化的功能

植物通常可起到分隔空间、消音减噪的功能。在庭院周围用绿篱环绕，可形成一个独立空间，提高庭院的私密性。在公路两旁和建筑物靠近道路一侧配置较高的绿篱，可有效减少车辆噪声，营造安静的空间环境。植物配置还可结合自然地势的起伏，借助地形地貌营造不同空间变化。例如在地势高处种植高大乔木，使空间更显雄伟壮阔，在地势凹处种植低矮灌木，使地势趋于平缓，营造柔和空间。在园林造景中，巧妙配置植物，即可凸显空间变化，营造不同景观效果。

（三）制造观赏景点的功能

不同植物的形态特征各不相同，结合植物本身的形态特点和观赏价值进行配置，可制造不同的景观特征。对于高大笔直、树冠开阔的乔木，如银杏、雪松等，可孤植成为园林主景，而玉兰、樱花等开花乔木则可群植观赏。秋色叶树种如红枫、银杏、黄护等可大片种植营造层林尽染的秋色景观。而观果树种，如山楂、石榴、南天竹等可以其果期硕果累累的特点呈现丰收的景观特色。至于种类繁多、色彩丰富的草本花卉，更是制造观赏景观的绝佳材料，它们既可露地栽培，制造花境，点缀草坪，营造赏心悦目的自然景观，又可盆栽形成花坛、花带，对城市环境起点缀作用。桂花、丁香、蜡梅等芳香植物可在园林景观中有机配置，其香气可使人产生愉悦之感。科学合理的植物配置可营造不同观感的观赏景点，使人们产生不同的观赏体验。

（四）勾画地域特色的功能

根据不同地域文化选择乡土树种，搭配特色树种，可起到突出当地特色的造景功能。将当地环境与风俗相结合，选择特色植物，例如北京的国槐、大理的山茶、洛阳的牡丹等，既可弘扬传统文化，又可丰富当地居民的文化生活。

（五）烘托建筑的功能

园林中，许多设计者会利用植物枝叶的曲线美来软化建筑形体的生硬。对于体形较大、立面严整的建筑，可在其周围搭配树冠较大，枝叶繁茂的乔木。而对于体量较小、造型别致的别墅，应在其周围栽植树体纤细，造型别致的小型乔木。现代园林中人们通常用绿篱或小型灌木来装饰喷泉、雕塑等建筑小品，通过色彩的对比和空间的划分来吸引观赏者目光。同时，将园林植物与山石相结合，可烘托自然野趣，与水体相结合则可营造宁静氛围。

四、园林植物造景原则

（一）美学原则

园林植物造景须同时考虑外在形式和内在形式，外在形式是植物的体态、色彩、质感，内在形式是上述因素通过不同规律进行组织得到的结构特征。现代美学认为自然界以形式美取胜，在植物造景时遵循美学原则即充分运用形式美规律。[①]

1. 多样统一律

完全统一是呆板，疏于统一则显得杂乱，因此，各类艺术均追求在统一中体现变化，在多样中求得统一，如图 2-4 所示。园林植物造景一方面需要保证所选植物在形态、色彩、质地等方面各有侧重以实现植物景观的多样性；另一方面又要确定不同树种分别作为基调、骨干和一般，既可以避免色彩过于繁杂引起心烦意乱，又可以避免整体景观过于平铺直叙、单调呆板。[②]

塔形与锥形

半圆与圆形

垂直与柱形

图 2-4　不同形体植物的多样统一

2. 均衡律

均衡是人体对平衡的直接感受，是植物造景遵循的一种布局方法，均衡的目的是为了使姿态各异的植物在视觉上达到平衡效果，从而使整体景观趋向于稳定，一般分为静态均衡和动态均衡两种类型。静态均衡即肉眼可辨的对称式布置，通常具有明显的对称轴线，一般用于校园中的规则式建筑物门前；动态式均衡即不对称式，常用于校园草坪、花园、小游园等相对自由的地块。

3. 整齐与参差

整齐是多个相同或相似的元素重复出现，参差与整齐相对，强调各元素之间有秩序的变化。在大学校园中，最为常见的整齐律即道路两侧的行道树以及建筑物周边修剪整齐的绿篱，参差律则更多体现在多种植物共同组合形成的自然式群落中，往往利用植物之间的高低、大小、前后、远近、疏密、浓淡、明暗等视觉对比，使植物景观波澜起伏、富于变化，如图 2-5 所示。

---

① 金煜．园林植物景观设计［M］．沈阳：辽宁科学技术出版社，2008.

② 叶乐．美丽校园植物景观设计［M］．北京：化学工业出版社，2011.

图 2-5　整齐的行道树与层次的林冠线

4. 节奏与韵律

将植物有规律地进行配置，植物造景便会产生韵律感，韵律分为连续、渐变和突变三种类型。例如，将完全平整的绿篱修剪形成连续的波浪形就能体现连续韵律；花坛内的植物由低到高层次分明就能体现渐变韵律；以浓密乔灌木收束草坪边缘就能体现突变韵律，[①] 如图 2-6 所示。

图 2-6　渐变韵律与突变韵律

（二）生态性原则

在园林植物造景中强调生态性原则，能够优化群落结构、提升植物景观、保证植物状态、发挥生态功效、节约维护成本。

1. 因地制宜

因所处地域纬度不同，每个地方的地形、气候、土壤也都不相同，在植物造景的规划阶段应尽量利用原有地形和植物，适当保留、合理改造。为确保植物更好地适应和生长，在树种选择时应首要考虑对当地环境适应性更强的乡土树种，因此，也多将乡土树种定为地区内的基调和骨干树种。

2. 生态平衡

生态平衡是指整个生态系统都能处于相对稳定的状态，系统内的个体之间能够相互适应、协调，系统中能量的输入与输出也能达到平衡。这就要求植物造景不仅仅要考虑植株之间该如何搭配，也要考虑植物所在的绿地该如何布局[②]。例如，在生态植物造景中，绿地的布局应与整体的山水地貌、地形水系相协调，保证每一处区域都能产生生态效益，而不是将绿地集中于某些重点区域。

3. 合理搭配

不同树种拥有各自的生命周期变化和生长发育规律，有些树种生长速度较快，例如杨树、柳树、白桦、泡桐等，有些树种生长速度则相对较慢，例如银杏、红豆杉、朴树、红

① 胡长龙．园林规划设计理论篇［M］．北京：中国农业出版社，1995.

② 徐化成．景观生态学［M］．北京：中国林业出版社，1996.

枫等。如新建区域建成速度较快，对绿化的成景速度也有一定要求，然而速生树种和慢生树种各有优缺点，在造景时应当将两者合理搭配，既能保证短期内的绿化效果，又有利于长期的生态稳定，如图 2-7 所示。

图 2-7　多种多样的植物群落

（三）人性化原则

人是绿地的塑造者，也是绿地的使用者，绿地中的植物景观应该以人为本、富有人情味。践行植物造景的人性化原则，需要充分考虑使用者的基本心理和行为习惯，比如人会对阴郁浓密的植物心生畏惧不敢进入，因此在使用频率较高的地块中就不宜将植物配置得过于紧密；比如人都有抄近路的习惯，因此在容易被穿越的绿地中应设置汀步或小径，方便穿行，这也是对地被植物的保护。人类的许多心理和行为都会在观赏和使用的过程中无意识地表现出来，为更好地提升使用感受，植物造景需要充分考虑人性，使植物景观不再生疏、冰冷①。每个人都是个性十分鲜明的，有人性格内向，喜欢安静的空间单独思考学习，也有人性格外向，偏好在不同场合展示自我，因此绿地既要有私密性空间，又要有适于小型集会的开放性空间，且彼此之间应互不干扰。只有将人性化原则体现于植物造景之中，人们才愿意去户外活动、学习。因此，植物造景应该是符合人性化原则的规划设计，是帮助人与自然环境和谐相处的有效措施。

第二节　园林植物造景分析

在此，以山东某建筑大学校园园林植物为例，用案例的形式对其造景进行分析。

一、入口广场植物造景

（一）美学分析

校园入口广场周边往往为学校重要的建筑，如图书馆、礼堂、报告厅、行政楼等。广场以硬质铺装为主，多为规则式，所以校园入口广场空间质感生硬，线条刚直。植物作为软材料，主要起到柔化作用。

① 许志丹，陈丽飞．吉林师范大学校园植物景观现状与规划［J］．吉林师范大学学报（自然科学版），2005(01)：88-89.

1. 案例一（如图 2-8 所示）

图 2-8　案例一

说明：置石两侧种植三四株紫叶李，最外侧配以常绿的塔形雪松作背景。置石前植三株小叶女贞球。

分析：该案例考虑了置石与紫叶李的尺度比例关系，并对各要素进行合理的位置安排，使整体构图均衡稳定。以紫叶李与雪松形成景观骨架，雪松垂直向上的姿态增加了空间的垂直高度，体现整体统一。局部运用对比手法，使景观富有变化。例如紫叶李的紫红叶色与常绿植物形成对比；紫叶李与小叶女贞球质感比较细腻，与雪松厚重的质感产生对比。

2. 案例二（如图 2-9 所示）

（a）鸟瞰图

（b）樱花盛开

图 2-9　案例二

说明：该案例位于五百人报告厅处。报告厅建筑的南北向直线长度约为 140 m，模纹花坛以台阶为轴，呈两侧对称分布，每一部分的南北向宽度约为 40 m，模纹花坛植物为大叶黄杨＋紫叶小檗＋小龙柏，形成绿化带，绿带之间使用小叶扶芳藤作为地被。在通往建筑入口的坡道两侧对植樱花。

分析：报告厅建筑尺度大，为了与建筑尺度取得协调，选用模纹花坛进行陪衬，花坛顺应建筑弧形，在整体上取得统一。植物质感与建筑质感有粗糙细腻的对比，统一之中又

产生了变化。色彩搭配上有对比也有协调，如植物主色调为绿色，间或有紫叶小檗，建筑主色调为橙红色。橙红色在绿色的陪衬下更显动感活力，如苏轼在词《赠刘景文》中描述的："一年好景君须记，正是橙黄橘绿时。"紫叶小檗的紫红色与建筑的橙红色有一定协调。此外，大叶黄杨＋紫叶小檗＋小龙柏绿带交替出现，形成韵律感。

3. 案例三（如图 2-10 所示）

图 2-10　案例三

说明：该案例为龙柏绿篱与广场构筑物的组合运用。玻璃材质的构筑物为广场地下空间的采光井，构筑物设计兼顾了美观与实用功能。龙柏绿篱分布于四角。

分析：广场上的玻璃材质构筑物与龙柏绿篱交替出现，呈现韵律之美。玻璃材质为虚，龙柏绿篱为实，形成虚实对比。方形的龙柏绿篱与方形的构筑物取得统一，龙柏绿篱又使该景观统一于广场大环境。

4. 案例四（如图 2-11 所示）

图 2-11　案例四

说明：该案例中喷泉结合台阶层层叠落，道路一侧喷泉水池与模纹花坛融为一体。每当喷泉喷发之时，逐级升高的模纹花坛与建筑便成为音乐喷泉的"舞台背景"，形成校园内富有特色的一景。

分析：广场喷泉向上喷发的垂直线条与水平延伸的建筑和模纹花坛形成水平与竖直方向的对比，形成强烈的视觉冲击。

（二）植物生理分析

广场内的植物种类不多但观赏特性各具特色。如雪松及对节白蜡观形、绦柳观枝条、秋季银杏及夏季紫叶李观叶色、杜梨、樱花在春季可赏花，保证四个季节有景可赏。但是银杏、对节白蜡长势较慢，需数年后方可成景，目前种植于广场上稍显单薄。大面积的硬质不透水性铺装，会带来地表温度的升高，植物种植可以平衡掉一部分热能，使气候湿润凉爽。

现状植物有雪松、银杏、国槐、杜梨、白皮松、对节白蜡、绦柳、紫叶李、樱花、小龙柏球、小龙柏绿篱、大叶黄杨、紫叶小巢、小叶扶芳藤、马蔺等。

（三）环境行为学分析

位于广场东西南北四角的种植池内为高大乔木与地被，在垂直面上限定广场空间，位于四个角之间的种植池内为低矮的绿篱或灌木，对空间边界进行了暗示，植物对空间的二次划分，增强空间围合感。

由建艺馆与行政楼围合的广场空间其 D/H 为 9，空间十分开阔，基本没有围合感。经过南北两侧种植池的限定后，D/H 为 3.6，此外由于空间的围合度由边角的封闭程度决定，位于四个边角的高大乔木在一定程度上了增强空间围合感，如图 2-12 所示。

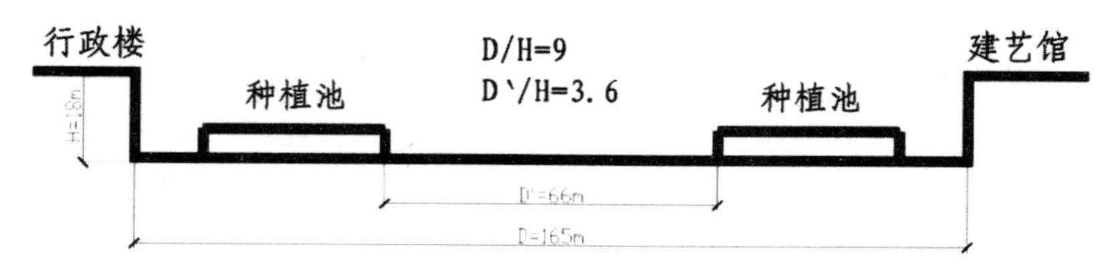

图 2-12　种植池二次划分空间

植物对广场的尺度进行了限定与划分，形成了大小不同的次级空间，构成了空间序列大框架。

经实测，广场呈梯形，由东向西逐渐变窄，最窄处宽度为 125 m，长度为 135 m，超出 100 m“人看人”的心理上限；广场东部模纹花坛之间的区域完全没有绿化分隔，远远大于 25 m 的社交距离。空间细部设计是与使用者关系最为紧密的，所以整体及次级空间尺度均偏大，次级空间与边缘空间的处理有待细化。此外广场边界以直线为主，不利于人气的聚集。

可在边界处以 25 m 空间尺度增加可以依靠或就座的树木、树池等锚点，增加广场边缘空间的丰富度，提高广场的可参与性。例如，Arizona State 大学校园中心广场的交往空间，通过植物与座椅构成丰富的空间，满足学生室外活动需求，如图 2-13 所示。

图 2-13　Arizona State 大学校园中心广场外部实景图

二、滨水空间植物造景

（一）美学分析

水是园林中最具有灵性的要素。水的美学特性为水面平直、水色淡绿透明、可产生倒影等。同时可游览的水景必然有驳岸、桥、岛、堤、亲水平台等构筑要点。

滨水空间的分析，以济南某校园中的映雪湖为案例，其位于雪山北麓生态廊道北端，星泉广场东北侧，东临文德路，北靠博学路，西临顺德路，南为敏学路，是学生生活区过度到教学区的重要区域，处于校园中心位置。湖区总面积 2.6 hm^2，包括一湖、两岛及滨湖活动场地，水面面积近 9000 m^2，是近年来济南建成的较大的人工水面之一。

1. 案例一（案例如图 2-14 所示）

（a）映雪湖睡莲景观植物

（b）金银木与水体的构图

图 2-14　案例一

说明：图 2-14（a）为映雪湖的睡莲景观，位于桃李岛以北的小水面。图 2-14（b）为湖边金银木探向水面的景观，位于博学岛北侧水岸处。

分析：该组案例反映了植物与平直水面的组合效果。借助水面平直的特性，利用协调与对比原则，配置点状、线状、面状不同形态的植物均可产生艺术美感。面状睡莲与平直水面可达到协调统一，突出空间整体宁静氛围；平静的水面加上水生植物可平添飘逸悠闲、宁静妩媚的气质。此外，成片生长的睡莲可划分水面空间，起到古典园林中的“一池三山”手法中“山”的作用，使水面产生大小空间的对比，令小水面产生小中见大之感。

但是植物与水面的比例要适宜，一般占整个小水面比例要不足 1/3，过满则使空间拥挤。

平直水面若与单支曲线形金银木树枝组合又体现了对比原则，视觉冲击感强烈；若与群植金银木树枝形成的“拱面”组合又体现出一定程度的协调，使水体环境显得幽深宁静。

(2) 案例二（案例如图 2-15 所示）

(a) 水杉林夏景

(b) 水杉林秋景

(c) 水杉林姿态

图 2-15　案例二

说明：该案例位于博学路与文德路交叉口，映雪湖北岸群植的水杉林是湖区的特色景观，共林植水杉约 30 株。将映雪湖与外部道路分隔，使湖区更添宁静。

分析：该案例利用水杉树干通直挺拔、高大秀硕、入秋后叶色金黄的观赏特性，体现水杉的姿态美、色彩美、季相美。同时，水杉象征着正直与顽强拼搏的品格，种植于校园中给予莘莘学子鼓舞，是植物造景对植物文化性的运用。此外，该案例中运用虚实对比的形式美原则，将水杉在水面的倒影与水岸真实的水杉进行对比，增加水面观赏层次，并使水色出现深浅浓淡的色彩变化，由于季相产生的水杉叶色变化通过倒影映照于水面，又进一步令水面富有季相变化。

(3) 案例三（案例如图 2-16 所示）

(a) 2005 年雪山倒影

(b) 2017 年雪山倒影

图 2-16　案例三

说明：映雪湖设计巧借南部植被茂密的雪山，形成“雪山倒影”一景，呼应泉城济南大明湖畔著名的“佛山倒影”，是映雪湖景观设计的一大创新。随着时间变迁，雪山倒影景观发生一定程度的变化，有利也有弊。植物随时间的生长使雪山倒影更加丰富妩媚；但是雪山南麓校园外部开发的楼盘，也对雪山倒影的自然美感造成一定损失。

分析：有水之处必有倒影，有倒影便可借景。济南曾经的“佛山倒影”、建大的“雪山倒影”堪称佳例。通过图 2-16（a）和图 2-16（b）的对比，随着数十载时间变迁，垂柳群落圆润的林冠线、雪山和缓的山脊线、水面的平直线融为一体，使整体构图协调；色彩处理上，垂柳层为浅绿色，雪山为暗绿色，近处水体为近乎透明的绿色，同为绿色但又存在深浅不同，景观层次与色彩均得到丰富，反映出“浓妆淡抹总相宜”的意境美，体现出统一与变化的形式美法则。

岸边植物是沟通水体与游人之间的媒介，通过植物可协调所借景观与整体环境。在排除建筑对雪山倒影的干扰后，设计师正是利用植物的立面屏蔽功能，在最适宜观赏雪山倒影的博学岛上通过疏密相间的植物栽植，留出透景线，并将影响视觉美感的高层建筑阻挡于视线之外，实现“蔽者以障之”，达到障景与框景的作用。

（4）案例四（案例如图 2-17 所示）

（a）芦苇荡驳岸的芦苇绿化效果　　（b）迎春遮档映雪湖驳岸

图 2-17　案例四

说明：映雪湖驳岸类型为规则式驳岸。根据景观需求，部分地段驳岸线条简洁，部分地段稍有置石堆叠其中。映雪湖驳岸绿化植物主要有碧桃、水杉、垂柳、迎春、连翘、蔷薇、金银木以及水生植物芦苇。

分析：驳岸景观设计中主要元素是植物。驳岸是具有线性特征的滨水元素，借助植物线条的生动变化以及色彩的明艳，可柔化规则式驳岸生硬的线条。映雪湖岸边种植的垂柳枝条柔软飘逸，迎春与连翘枝条弯曲、春花金黄，水杉通体挺拔，碧桃春花繁茂，野蔷薇花朵纷繁、生命力旺盛，可作为华北地区驳岸植物造景的常用植物。

（二）植物生理分析

随着时间变迁，映雪湖区景观受植物长势影响较大。例如，湖区的蔷薇生长快于其他树种，过于浓密拥挤，而攀援到附近的白皮松上；博学园上的白皮松现状株距过近，对园路空间造成沉闷感。

“建园容易养园难”，在植物配置过程中要注意速生树种与慢生树种的搭配，及时修剪整形。

植物种类有：白皮松、大叶女贞、垂柳、水杉、悬铃木、合欢、银杏、梧桐、柿子树、五角枫、紫薇、银薇、碧桃、紫叶桃、寿星桃、垂枝碧桃、木槿、白丁香、珍珠梅、重瓣红石榴、棣棠、金银木、蔷薇、鸢尾。

（三）环境行为分析

1. 映雪湖的整体空间感受舒适度分析

人对环境的空间感受，基本不受实际尺度的影响，而受人眼的“感觉尺度”控制。映雪湖水面南北实际长度约 130 m，但影响人整体空间感的由桃李岛与博学园上的植物群落二次限定后南北长度约 116 m，东西宽度约 90 m，符合 100 m 人看人的极限距离。

滨水空间限定主要靠大面积群植植物以及周边建筑轮廓线来限定空间立面，其中植物林冠线限定的立面高低错落，形成景深与空间层次，使滨水空间有趣、生动、有向心性。

2. 映雪湖的植物景观与景观设施的搭配分析

环境行为学研究显示，环境中的垃圾箱、座椅、灯具等设施对使用者往往影响较大，错误的位置甚至会影响整个空间的使用。例如，湖区东北角滨湖广场座椅孤零零地被放在广场边缘，背后无遮阴树，使用者缺乏依托的安全感，而且阳光强烈时使用者会感到不适；博学园上的座椅置于 1 m 宽游步道旁边，座椅前后均为生长茂密的白皮松，空间过于闭塞，人对环境的安全感需求也无法保证。

3. 滨水场地使用情况分析

四个场地尺度均在 25 m 以内，尺度适宜。湖区东北角滨水小广场使用率较低，主要原因在于，第一，荫树在室外活动空间中的重要性被忽视。湖区东北主入口的亲水空间林冠线变化丰富，有常绿的雪松、落叶乔木绦柳以及灌木连翘，形成了美丽的春季景观。但天气炎热时，这里几乎无人问津，面向道路设置的座椅因长期无人使用布满灰尘；第二，现状座椅位置位于行人穿越小广场的必经之地，不符合人在环境中对私密性的心理需求。如果将座椅位置移至湖边，再种植庭荫树，情况会有所改善。

其余三个滨水场地均受到学生普遍欢迎。以湖区西北角下沉小广场为例，东西向及南北向最大尺度各为 19 m，符合 25 m 的外部空间模数；三株悬铃木结合圆形坐凳沿湖面布置，满足游人在环境中的私密安全性，避免暴露于陌生人视线的尴尬；对岸景观视觉效果好，满足人对环境宜人性的需求。

湖区东岸滨水体憩区读书学习及观赏湖景比例较高。原因在于，一是该空间视觉开敞，对景为李清照雕塑，十分优美。滨水植物可引导游人视线。茂密的树木限定滨水游步道一侧的立面，“强迫”游人视线向水面及对岸集中，该手法在面积较小的江南私家园林中比较常见。沿水岸滨水空间节点宽度在 1520 m 左右。狭长的滨水空间立面一侧及顶平

面为茂密的乔木限定，一侧为开阔水面，使游人视线向水景集中或向对岸眺望获得舒畅的视觉体验，更显空间开敞。二是该空间位于土木楼门前，课下学生使用率高。

海右剧场以社团活动见长，不举行活动时以赏景游憩为主。该广场为“舞台”的形式，有观众席与表演席，形态规整，植物种植形式为规则式，并且紧邻西侧社团活动气氛浓厚的映雪长廊，广场铺装西侧的斜坡绿化以白蜡树形成立面，暗示空间边界，东侧为水体，对岸景色宜人，构成风景美丽的校园半开敞空间，实际使用较好地遵循了设计初衷。

4. 映雪湖滨水空间意象分析

凯文·林奇在《城市意象》一书提出影响人对空间形成印象的五要素即路径、节点、边界、标志物、区域。[①] 映雪湖对学生来说印象深刻的要素为路径——环湖滨水步道。环湖步道空间经过疏密相间的植物限定后时而开敞时而封闭，高低变化丰富，形成了较好的动态序列空间。

5. 小广场上选择停留的区域分析

场地边缘与林荫座椅最受欢迎。映雪湖小广场边缘通常为水岸边或林缘，均能满足人在环境中的私密性与依托感，符合边界效应理论，有利于营造场所活力。此外，树荫也是影响人在滨水空间停留的重要因素。

三、建筑庭院植物造景

大学校园建筑一般有专门功能，有供学院使用的教学建筑，也有供学生住宿生活的公寓建筑，还有为学校某类教育主题活动开展提供场地的建筑。建筑功能对庭院空间影响较大，庭院空间是与建筑物关系紧密的外部空间，兼具公共性和私用性。

庭院空间被称为“基地空间”，是建筑内部使用者短暂的休息、放松、进餐、交谈的重要场所，对于学生社区意识的形成具有其他校园公共空间无法代替的力量。

在此，主要以山东某建筑大学校园为例，由于其分为前院和后院，限于篇幅，则以前院为主进行分析（包括入口空间）。

（一）美学分析

1. 案例一（案例如图 2-18 所示）

(a) 植物与建筑立面组合

① ［美］凯文·林奇．城市意象［M］．北京：华夏出版社，2001.

（b）植物与建筑前廊组合

（c）植物与架空层组合

图 2-18　案例一

说明：本案例是庭院中植物与建筑外立面及角隅、架空层结合实景图。庭院中与建筑外立面组合的植物造景形式主要有两种，一是整形修剪绿篱（红叶石楠、小叶扶芳藤）＋开花乔木（樱花），二是种植竹类于墙前。对于建筑前廊或架空层的植物造景形式则为草坪或低矮绿篱的填充。

分析：建筑的外立面色彩与质感、角隅、架空层、前廊是对室外植物造景影响较大的建筑因素。利用植物对建筑立面进行处理可减少人工建筑的生硬感，增加空间自然感。墙面绿化常用的方法有：利用爬山虎等攀援植物对墙面进行垂直绿化或者将垂直感强烈的竹类等栽植于建筑立面处。建筑的角隅处宜藏不宜露。如果建筑有前廊或者架空层等，耐荫植物还可种植于这些空间内，实现建筑室内外空间的渗透。

对于庭院中建筑外立面绿化的第一种形式即绿篱（红叶石楠、小叶扶芳藤）＋开花乔木（樱花）具有时间上的局限性，后期养护管理须跟进。虽然小株的樱花暂时不会遮挡一楼建筑的采光，但随着樱花植株成长，后期须考虑迁移。

2. 案例二（案例如图 2-19 所示）

（a）水池边缘植物种植

（b）水池外边缘绿篱镶边

图 2-19　案例二

说明：该案例为与校史馆水景组合的植物造景。主要有两种形式：一是将千屈菜种植于岸边叠石间隙，二是池沿以低矮绿篱镶边。

分析：如果将校园内大型湖泊（如映雪湖）比作一个面，庭院空间水景可称为点。图 2-19（a）中，寥寥几支水葱点缀于岸边，体量适中，遵循了金角银边的原则，多见缝插针的种植，少密植，体现出对比原则，使水池小中见大。图 2-19（b）中，沿水池边缘的整形绿篱，扩大水池边界，视觉上增加水池尺度。

3. 案例三（案例如图 2-20 所示）

图 2-20　案例三

说明：校史馆庭院部分铺装采用色彩鲜亮的具有蓄水或渗水能力的环保铺地材料，质感细腻，颜色鲜亮，富有动感与现代感。铺地鲜艳的色彩与树木黑灰色的阴影组合，效果夺目。

分析：考虑到大学生群体的年龄与行为特点，大学校园建筑庭院应追求大胆动感的色彩，具体到铺装上应适当提亮色彩。植物的倒影与鲜亮的铺装组合可以使铺装产生斑驳的深浅明暗变化，并且植物倒影形状具有时间上的不同变化，也体现了对比与协调、统一与变化的原则。

4. 案例四（案例如图 2-21 所示）

（c）档案馆入口南立面

（d）档案馆入口东立面

图 2-21　案例四

说明：档案馆入口空间设计将草坪与球灌木引入建筑前廊，在前廊东侧又设置汀步，将人流引向东部庭院。

分析：通过植物渗透建筑空间实现建筑与周边环境的统一，植物与建筑不同的质感又使设计产生变化；通过草坪与建筑硬质铺装的对比，使空间富有创新性；顺应廊柱的节奏，在东侧设置汀步与沿汀步的灌木球，加强了整体的节奏感。

（二）植物生理分析

该场地设计植物有：雪松、白皮松、龙柏、样树、朴树、垂柳、实生银杏、水杉、白蜡、白玉兰、早樱、晚樱、高杆晚樱、红枫、鸡爪槭、碧桃、丁香、紫薇、淡竹、红叶石楠球、龙柏球、小叶女贞球、金叶女贞球、迎春、北海道黄杨、景天、小叶扶芳藤、麦冬、千屈菜、睡莲。由于场地为新建，植物整体长势良好，层次分明，生长环境基本满足各类植物的生长习性。

（三）环境行为学分析

落叶乔木和常绿乔木是空间骨架。在校史馆疏林草坡设计中，在山体南北分界线处采用白皮松、雪松、白蜡树、银杏树对疏林草坡大边界进行限定，视线以北向为主。

树木种植贴合边界进行，围合出不同功能的小空间。例如树下包含遮阴和半遮阴两种类型空间，场地中心则可以选择日光浴。自然式种植的树木围合的场地边界富有变化，可以被更加灵活地使用。

四、道路空间植物造景

随着时代发展，公交车、小汽车、小黄车逐渐进入大学校园。虽然交通工具的改变引起校园道路形式变化，但是大学校园毕竟不同于居住区和公园，大学校园的教育功能、学生的行为特点决定校园内道路仍主要以步行功能为主。

根据使用者行为特点，在此将大学校园道路分为人车混行道路与步行道路两大类，后者又包括宽度 4～7 m 的步行主道、不小于 2.5 m 的步行道路与不小于 0.9 m 的园林小径①。

（一）美学分析

1. 案例一（案例如图 2-22 所示）

（a）黄栌秋景

（b）辛弃疾雕塑

① 余菲菲．当代大学校园景观设计研究［D］．四川：西南交通大学，2009.

（c）栾树、悬铃木作为小品背景

图 2-22　案例一

说明：该组案例主要为路两侧植物造景。

分析：道路两侧植物造景是道路空间景观美感的重要方面，路两侧植物通过大小对比、色彩、质感的组合可以形成均衡稳定、主次分明的道路空间立面。如图所示，园路两侧均种植扁平型小龙柏，颜色暗绿，使道路两侧形成统一，且保证道路两侧四季常绿的景观效果；仅在一侧靠近道路种植黄护，使道路两侧产生对比；秋季到来之时，黄护的红叶成为这一道路空间的主景。

大学校园道路两侧常常有雕塑或小品点缀，植物与雕塑等组合造景具有美化道路两侧景观效果，能够提升校园文化内涵。此案例中的大学内沿善学路、厚德路及求索路布置多处历史名人雕塑，强化校园文化氛围。植物与雕塑或小品配置时在体量、形态、色彩等方面要与雕塑及小品体现的文化内涵相符。以辛弃疾雕塑为例，雕塑前方种植低矮平展的小龙柏球、小叶女贞绿篱、棣棠，雕塑两侧点缀四五株花灌木石榴树，后方列植 4 株小乔木木瓜海棠，整体低矮的植物凸显了雕塑的高大；如果在同一标高上雕塑后方的龙柏会高于雕塑，但设计时龙柏位于台地花坛低处，从而使雕塑周边植物景观皆低于雕塑高度。同时选择的植物龙柏苍劲有力、木瓜海棠树皮深色、枝条有粗刺，配合了辛弃疾的粗犷豪迈的气概。龙柏整体向上，前方低矮植物整体平展，产生垂直与水平的对比，令该景观突出瞩目。

2. 案例二（案例如图 2-23 所示）

（a）垂直与水平对比

（b）转角处满树红叶的黄栌

（c）一株垂柳统一两个空间

图 2-23　案例二

说明：该组案例为道路交叉口植物造景。

分析：道路交叉口作为转折点，植物景观效果突出。通过孤植植物的株高、叶色、花等观赏特性或者群植植物的对比，使人眼前一亮。

3. 案例三（案例如图 2-24 所示）

（a）道路行道树景观

（b）道路路南侧景观

（c）路旁树木的引景作用

图 2-24　案例三

说明：该组案例为校园内起引导视线作用的树木种植。

分析：道路作为线性要素，以游为主。路旁的植物对路上行人的活动起到指引作用。主要有以下几种形式：

①直线型道路两侧规则式对植行道树，形成强烈的线性指引。图 2-24（c）中，杜仲与银杏对植，将人的视线引向前方。

②枝干优美，树冠浓密，分支点适宜的树木配合修剪整齐的低矮灌木形成框景，纳远方之美景进入道路空间。

③于园路转角或入口处栽植与周边植物不同的树木，暗示空间转换。

④将树木显著的叶色、花色、香味等观赏特性如银杏的黄色、黄栌的红色、丁香香味，掩映于寻常绿色植物之后，若隐若现，吸引人前往观看，产生柳暗花明又一村之感。如图所示，远处的银杏黄叶吸引人前去观看。

4. 案例四（案例如图 2-25 所示）

图 2-25　案例四

说明：该组案例为植物对道路空间的障景作用。

分析：一般在道路拐角处密植植物群落，形成绿色屏障，使行人通过后有豁然开朗之感，令屏障之后的空间更显开阔。

5. 案例五（案例如图 2-26 所示）

（a）道路空间光影变化

（b）道路绿篱与连翘层次分明

图 2-26　案例五

说明：该组案例突出植物增加道路空间的变化。

分析：主要通过植物与道路的关系时远时近，群落时疏时密，可以对道路空间进行收放；通过光影对比强化空间的大小对比；路旁植物由近及远层层向外推移，增加道路空间感。

（二）植物生理分析

植物正常生长，接近路沿的地被植物存在较为稀疏的状况，导致路沿露土现象明显。

（三）环境行为分析

植物围合道路空间竖界面与顶界面，形成开敞、半开敞、封闭、覆盖、垂直多种空间类型，如图 2-27～2-30 所示。竖界面围合主要是乔木树干以及低矮灌木进行部分围合，使道路周边景色时隐时现；顶界面围合则主要依靠乔木的树冠，也有用花灌木枝条形成类似于拱门的道路空间，具有一定的趣味性，如有些大学校园内便有多处使用金银木限定道路空间竖界面和顶界面的做法。

图 2-27　半开敞道路空间

图 2-28　封闭道路空间

图 2-29　开敞道路空间

图 2-30　覆盖道路空间

第三章　园林植物配置研究

我国园林植物配置的研究历史悠久，“园林”一词产生后，植物配置的相关的理论和实践知识便应运而生了。在本章，主要介绍园林植物配置相关内容，并以千灯湖公园为例对园林植物配置进行分析，最后还提及了园林植物生态效益。

第一节　园林植物配置概述

一、园林植物配置概念

所谓园林植物配置，是指科学地使用各类植物材料，并严格按照植物的生活习性与园林的整体设计需求，通过各种艺术的手法，结合考虑各项生态因子的不同作用，进一步发挥植物在形态、线条以及颜色等多个层面的特点，以营造出和周边环境相得益彰、交相辉映的景观，并形成能表达一定主题含义或具有一定功能的艺术性空间。重点涵盖了如下两个层面：一是各类植物间经过合理配置能顺利实现更好的景观效果；二是植物和别的园林要素间如山石、水流等实现优化组合，进而产生一种独特之美，使植物与其他造园要素之间、植物与植物之间相互协调，发挥植物在园林造景中的观赏特性和生态环保价值。

二、园林植物配置形式

园林中常采用不同的植物种植形式来体现不同的景观风格。普通的形式有对植、列植等，为体现自然之美，也可采用不对称的种植方式。植物的种植形式并没有固定的模式，实际应用中应根据不同的空间形态和周围的景观要素灵活配置。

（一）自然式

自然式种植模式是指用人工栽植的方式模拟自然植物群落的组成形式。基本法则是根据自然界植物群落的组成规律，人工搭配出与自然植物环境相一致的景观效果。自然式种植应注重空间大小，思考空间内景观效果，真正做到“源于自然，高于自然”。

1. 孤植

孤植是指将植物单一种植在一定面积的硬化地面上。我们通常根据一棵乔木所占的空间比例来判断其是否为孤植树，孤植树四周应留有使其枝干充分延伸的空间。在植物配置时，当众多植物群落对人的感官形成固定刺激时，孤植的空间特点会打破这种惯性，使人眼前一亮，因此孤植树可作为画龙点睛之笔出现在园林景观中。

一般情况下，人的最佳视距是树高的 4～10 倍，因此布置孤植树的最佳水平距离应该至少为树高的 4 倍，且周围不要出现色彩雷同、形态相似、高度相近的其他景物。这样，人们才能舒适地感受孤植的魅力。

2. 丛植

丛植是指乔木或乔、灌木相互组合而形成的种植模式，通常作为点景或主景出现在园林中。丛植在体现单株植物个体美的同时也可体现植物的群体美。丛植的树丛应适当密植，形成统一整体，若过于分散，则空间效果类似于孤植，若过于紧密，则又会与群植区分不开。

丛植在园林景观中，除了具有构图作用外，也可起到空间的遮蔽作用。

单一树种组成的丛植一般整体性较强，可作为主景起到吸引目光的作用。乔木与灌木结合的丛植可展现较丰富的空间效果，可用在空间变化较大的景观中作为视线的引导。在实际的造景过程中，丛植的组合模式可先根据空间大小的需求和植物的体量来确定植物的数量，再根据植物的数量和形态组成丰富的空间构图。

3. 群植

群植是指将大量树木成群种植来模拟自然丛林的造景方式。群植所需的树木数量比丛植大，在城市公园中运用比例很高。从空间来讲，孤植、丛植几乎完全暴露于环境中，而林带又相对封闭，群植则正好处于两者之间，其树群外部仍暴露于空间中，但又会产生一定的内部空间。群植中树群的层次组成一般分为乔木层，灌木层和地被层，为了达到较好的观赏效果，所选的树种高度应尽量层次分明，每层中观赏效果最好的部分应暴露在外。群植中树群高度应注意中间高两端低，从中心向两端依次递减，乔木层一般设置于中心部位，往外依次为亚乔木、大灌木、小灌木。

群植中不能随意组织植物，应遵循一定规则。若群植的设计为不能进入，则可适当增加植物密度，其内部空间可不做过多处理，只考虑外部空间特征。若群植的设计为可以进入，则其内部植物配置应做到疏密有致，为游人提供林内休闲活动的空间。

4. 林带

林带是指呈现带状分布的植物群体，在空间中起连接、过渡的作用。理论上其长边距离应是短边距离的 4 倍以上。林带也具有一定宽度，且内部郁闭度很高。林带若呈直线排布，则可将空间分为两部分，若呈“g”字形或“S”状排布则可将空间划为多个部分。

林带一般作为背景在植物造景中使用，因为其呈现的是庞大植物群体的整体景观效果，因此配置时不注重植物个体的姿态与色彩，而是注重连续的色调与线性。

（二）规则式

规则式种植形式在西方园林中广为应用，这是由于西方人对数理的崇拜和对规则形式

的热爱。中国古代也有行列种植的先例。现代园林中规则式也是植物种植的重要形式。

1. 对植

对植是指通过对称的手法呈现的种植形式，通常为两株或两丛植物对称的种植于公园、广场、建筑等的出入口处，在美化装饰的同时也起到遮阴的作用。对植选用的植物应根据空间的不同而变化。如为强调建筑入口的壮大气势，所选的植物应高大直立；为突出建筑的清净幽雅，所选的植物应低矮雅致。也有些对植设置在草坪中央或道路两侧，其对称的布局可给人以规则有序之感。对植所影响的空间范围较小，因此都用于“门”的处理。

2. 列植

列植指将植物按一定的株距成行种植，从而形成线性的空间形态，其种植效果因植物的高低疏密而不同。将与成年人身高等高的植物密植，则可起到屏障似的通道作用；在大尺度的道路、广场两侧栽植高大乔木，则可营造整齐开敞的氛围。列植一般用于道路、广场等区域，所选树种应树冠整齐，枝干较直。因列植所用的树种分支点一般较高，很难对其树后空间进行遮挡，因此可在树下种植灌木和绿篱起到遮挡作用，以减少游人对树后空间的好奇。

3. 篱植

篱植是指将小乔木或小灌木密植形成规则式图案的种植形式，根据其高度和宽度不同，也会形成不同的空间效果。超过人体高度的篱植可起到阻挡视线的作用，通常称之为“绿墙”；低于人眼高度的篱植可阻挡人们通行，但可保证视线穿透，称为“高绿篱”。篱植最常用的功能是划分边界，起到防护作用，同时也可塑造空间结构，起到装饰作用。

（三）混合式

自然式与规则式的种植形式在植物景观中应用广泛，但通常一整块用地不会只使用一种种植形式。因此在现代园林中经常采用自然式与规则式混合的种植模式。由于自然式和规则式都包含多种样式，因此混合式就包含了更多的空间组合形式，如以自然式为主，规则式为辅，或以规则式为主，自然式为辅，或是自然式规则式相互穿插，相互融合。混合式的种植形式可合理利用景观空间，使其变化丰富且井然有序。

三、园林植物配置原则

（一）科学性原则

植物的生长遵循着一定的客观规律，其生老病死以及自身的呼吸作用、光合作用、蒸腾作用等都有着一定的科学定律，因此植物配置时应遵循科学性原则，减少人为活动对植物健康造成的损伤。植物种群生长的过程中也遵循着科学的规律，在自然界中很难看到单一植物形成的群体。在植物配置时，应首先考虑植物的生长和成活情况，其次才考虑植物的艺术效果。因此，在配置过程中应首先考虑植物间的生长关系，模拟自然植物群落的构成特征，科学地搭配植物种类进行组团配置。植物配置时也应做到有“法”可依。此“法”是指植物配置时的技术和手法。比如对于植物物种的选择，经过长期种植积累的经验，可总结出如何利用植物控制空间结构，如何有效地放大植物不同观赏特征等方法、技术。此“法”还包括植物栽植技术以及植物景观施工的方法。

1. 保证“生态位”

物种在系统中的功能以及在时间与空间中的地位称为生态位。植物景观规划中，应根据物种的生态位进行合理搭配，实现乔、灌、藤、草、地被及水生植物间的和谐共生。配置时应充分利用空间，避免种间竞争，形成结构合理、功能健全的优美景观。例如，人工群落中应多配置蜜源植物，蜜源植物的增多可引来害虫的天敌，从而起到控制虫害的作用。再如杭州植物园的槭树—杜鹃园的配置，槭树枝干挺拔，根深叶茂，在遮挡群落上层强烈光照的同时还可吸收土壤深层矿物质；杜鹃喜阴且根系较浅，只吸收表层土壤养分。这两种植物各占据自己的生态位，既避免了种间竞争，又充分利用了环境资源，保证了景观的稳定性。

2. 合理的种植密度

要确定合理的种植密度，应对植物的生长速度和成年树冠大小有清楚的认识。在复合群落中，若种植密度不当会严重影响景观质量。如乔木生长过快会导致下层植物畸形，灌木生长过快则可能侵占乔木发展空间。因此实际配置中应通过人工抚育的手段达到合理的种植密度。

3. 以乡土树种为主

乡土树种指原产于当地或经长期驯化适合当地环境的树种，其景观功能和观赏效果较一般的树种有很多优势。乡土树种还可根据其自身特色体现当地自然风貌、景观文化，且不会对当地生态系统造成危害。

（二）经济性原则

在如今社会经济发展的时代背景下，园林植物对经济发展也起着一定的推动作用。绿色植物可给人以视觉的享受，使人们在工作之余放松疲劳的神经，因此，现在许多商业楼盘和写字楼都广泛运用园林植物。良好的园林景观在城市建设中也是必不可少的，它不仅可以推动旅游业的发展，也可以起到招商引资的作用，为当地的经济发展带来了实质性的收益。在城市园林规划中，在满足实际功能和环境美观的前提下，应合理种植名贵树种。除重要风景点或主建筑物重点观赏处外应，尽量少配置名贵树种，以降低建设成本。同时，植物配置时也应多采用对土壤要求不高。养护管理简单的树种和兼具观赏价值和经济价值的树种，选择此类树种可充分发挥园林植物的综合效益，使其对社会、生态和经济的发展发挥一定的作用。

（三）艺术性原则

植物配置的艺术性原则是指植物造景中对植物个体及群体进行综合把握，塑造一种艺

术的审美效果。这一定义使得植物配置不但要运用一定的技术手法，满足实际的应用功能，还要兼具审美和艺术的意识形态，给人以美的享受。这就需要对植物的造景功能和观赏特性有充分的了解，根据观赏要求和美学原则，进行合理的植物配置。

1. 符合基本的美学原则

要体现植物配置的艺术性原则，首先应符合最基本的美学原则。一是统一原则。植物配置中不同植物的树姿、色彩、质地等都存在一定的差异和变化，这些差异和变化可展现植物的多样性和变化性，但过多的变化会产生杂乱无章的效果。因此，实际运用中可使用重复的手法来体现园林景观的统一性。如街边的绿化带，每隔一定的距离配置相同的树种，或是在乔木下配置相同的花灌木，以达到统一的感觉。二是调和原则。在植物配置时，根据不同物种间的差异和变化，相互配合、相互联系，可达到既突出主体又协调个体的生动活泼、变化丰富的景观效果。植物间的特性差异主要是通过植物的形体和质地体现的，在植物配置中，特性越相似的植物协调性越强。例如，在廊架旁栽植竹类，竹类和廊柱在线条上就极富协调性；在体量较大的建筑物附近配置大型鲜艳的花灌木色块，则可在气魄上相协调。三是均衡原则。植物配置时，根据植物种类的体量和质地不同，按照均衡的原则配置，则可使景观显得稳定和谐。体量较大、质地粗重、色彩暗沉的植物，会给人以沉重之感；而体量较小、质地轻柔、色彩明亮的植物，会给人以轻快之感。均衡可分为规则式均衡和自然式均衡。规则式景观环境中常采用规则式均衡，如对称式的建筑门前对植同规格的同种乔木，规则式广场两旁栽植等距对称的树种；自然式景观环境中常采用自然式均衡，如曲折的园路两旁，一边种植高大的乔木，则另一边可种植低矮的花灌木，以求达到均衡的景观效果。四是韵律原则。有规律的变化可产生韵律感。例如，路边延绵较长的带状花坛，如采用毫无变化的花坛形式，种植单一树种，会给人单调的观赏体验。若将其单一的形式打破，形成大小花坛相继出现的情况，再隔一段距离配置以不同的树种，则会给人带来富有韵律感的视觉体验。

2. 考虑季相变化

不同植物在不同季节可展现出不同的色彩和形态。要做到一年四季有景可赏，植物配置时既要采用四季常青的绿色植物，又要搭配不同时节的开花植物。在景观规划中，可分区分段地配置植物景观，形成不同的季相特征，也要在打造某一季节为主的景观区域时搭配其他季节植物，避免一季过后无景可赏。

3. 合理搭配不同植物的形态和色彩

园林植物的形态、色彩、质地变化丰富，在植物配置时应根据地形地貌及周边环境合理搭配树种，使其相互之间既不产生矛盾，也不与周边园林建筑及景观小品相违和。例如，球形植物在构图中不影响设计的整体性，可用于搭配外形较特殊的植物；在居住区不宜种植过多的针叶树种，因为此类树种会给人以阴森、肃穆之感；色彩方面可将两种对比强烈的色彩相互组合，通过其色彩的反差突出重点，如用绿色衬托红色，则会使红色更加鲜艳。

（四）文化性原则

1. 植物色彩的文化性

园林植物的不同色彩可对观赏者产生不同的心理暗示，并形成不同的观赏效果和文化意境。因此，在植物配置时应根据不同的对象和主题，选择合适的色彩，营造舒适宜人的观赏景观。例如，红色代表着热情奔放，象征着积极进取和斗志昂扬，为热情开放的年轻人所喜爱，如一串红、红枫等；蓝色代表着悠远宁静，可缓解紧张的疲劳感，令人冷静，如桔梗、二月兰等；紫色是浪漫神秘的象征，高贵典雅，充满艺术气氛，可激发灵感，如紫丁香、勿忘我等；黄色鲜艳明亮，犹如太阳的光芒，给人温暖阳光的力量，有着抚慰心灵的作用，如迎春、棣棠等；绿色是生命的象征，给人以生意盎然之感，是生命的象征，可缓解视觉疲劳，提升安全感，如森林、草地等。植物配置时，将植物的色彩与文化相结合，可营造出不同的观赏景观。

2. 植物栽培史的文化性

植物栽培史也是促进园林植物文化性发展的重要因素。园林植物在中国传统的栽培历史以及文人墨客的诗词歌赋，都使植物景观充满着人文基础。古代人们就以玉兰作为庭前院后的配植，或漏窗洞门旁的栽植营造雪涛云海之景。海棠风姿绰约，红艳绮丽，春夏之交花姿幽淑，楚楚动人，秋冬之时红果高悬，玲珑妖烧，被唐代的贾耽称之为“花中神仙”。石榴春芽红嫩，夏花似锦，秋果高悬，冬干遒劲，被西晋潘岳盛赞为“天下之奇树，九州之名果也”。在北方的皇家园林中，常种植着玉兰、海棠、牡丹、桂花、石榴等，象征着“玉堂富贵，多子多孙”。

第二节　园林植物配置分析

在此，以佛山市千灯湖公园为例，研究其植物配置情况，分析其植物配置特色，对同类型城市公园绿地建设具有重要意义。

一、千灯湖公园植物配置

千灯湖公园绿化覆盖率高，植物整体生长情况良好，品种繁多，植物种植形式多样，植物配置形式基本满足公园绿地使用功能。不同区域能根据主景树种的差异呈现出不同的变化。

公园中常见的绿地类型大致可为休憩绿地、密林绿地、疏林绿地、滨水绿地和台地缓坡绿地五种类型，其植物配置特点如表 3-1 所示。

表 3-1　五种类型绿地植物配置特点

绿地类型	绿地所在区域	植物配置特点
休憩绿地	公园入口区域	公园的入口区域，一般会设置少量的休憩区域，方便游人在此停留休整。植物种植层次以简单明朗为主，植物种植空间相对集中，整体设计感强烈，乔木标志性强，灌木层色彩丰富
	公园内部休闲区域	植物空间层次丰富，乔木层提供足够的树荫，灌木层整体保证观景视线通畅，但升高局部区域灌木层以满足私密性需求
密林绿地	生态林区域	密林区域的植物景观有效地增加公园绿化率、改善生态环境以及遮挡公园外部的城市硬质化景观，因而密林区域的乔木以常绿树种为主，体现优势树种，打造具有观赏性的森林群落景观
	景观林区域	能结合景区景点的主题来打适主题密林景观。丰富公园景观风貌的同时充实游玩内容，增加公园中人的参与感和沉浸感
疏林绿地	公园核心区域	疏林草地要满足人们在草坪中休憩与观赏的需求，因此一般疏林草地会在草地中央设置大片的空地供人们观赏四周景色，同时草种应选择耐践踏的品种，四周乔木、灌木不选择有毒、带尖刺或者容易引起游人不适的品种；疏林草地的边缘应种植常绿与落叶相结合的高大乔木层。局部的灌木层应采用复合层次设计
	非核心区域	乔木层适当留出透景线，植物景观采用组团式种植，须满足穿行功能时，下层植物可取消
滨水绿地	人工湖区域	驳岸形式大范围采用的是整形式驳岸，水生植物相对单一，岸线植物设计更加注重林冠线、透景线的设计。滨水区尽量减少落叶植物的栽植，以免水域后期维护困难
	溪流、自然驳岸水系	配合驳岸形式，植物种植采用自然式种植，水生植物品种丰富，植物体量与水域大小相匹配
台地缓坡绿地	亲水区域	结合台地景观，不同高度层主景树木相应体现出高差的变化。台地底层灌木以修剪整齐的植物为主，考虑植物色彩的质感的搭配
	山地区域	植物种植充分考虑地形因素，灌木层以大色块拼接手法为主，凸显山地形态。上层乔木选择乡土植物为主，形成浓郁的山林景观

千灯湖公园地势特点鲜明，一期和三期公园绿地主要是山湖景观为主，绿地类型较为丰富，四期为山体绿化，绿地类型较为简单。植物配置方式主要采用的是规则式与自然式结合的配置方式，顺应地势特征合理规划，根据植物的特性来凸显景观功能分区，同时兼具考虑植物自身的人文意境，使其相得益彰。

（一）千灯湖公园一期植物配置

千灯湖公园一期可分为主题公园核心区和活水公园两大片区，如图 3-1 所示。主题公园核心区根据生态资源、人文资源，结合自身地理环境可细分为翠峦科普区、灯湖畅游区、艺术生活区、文化活动区、湖畔休闲区、酒店服务区、文化休闲区、购物娱乐区这八大特色区域，设有绿野芳洲、阳光草坪、雾谷、花迷宫、凤凰溪流等景点。

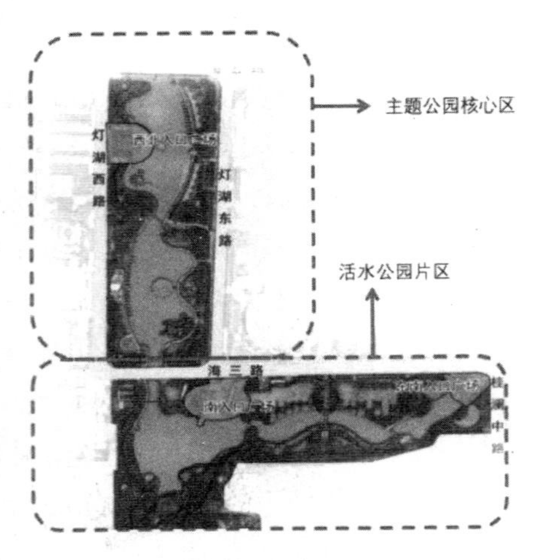

图 3-1　千灯湖公园一期分区示意图

千灯公园一期各个入口如图 3-2～3-5 所示。

图 3-2　活水公园入口景墙

图 3-3　南入口滨水广场

图 3-4　南入口广场

图 3-5　东南入口广场

凤凰溪流意指溪流的平面形态似凤凰如飞，寓意美好；花迷宫景点采用低矮花灌木营造出迷宫效果，增加游人参与感，也使景区更活泼生动，如图 3-6、3-7 所示。

图 3-6 凤凰溪流

图 3-7 花迷宫

阳光草坪在天气晴朗的节假日是人们嬉戏玩耍的热闹场所；绿野芳洲景点遍布水中岛屿，绿与水交融，诗意盎然，如图 3-8、3-9 所示。

图 3-8 阳光草坪

图 3-9 绿野芳洲

千灯湖公园一期植物配置通过不同品种基调树来划分不同区域，以相同或者相似的骨干树种来形成整体风格的统一。植物空间结构也符合现代城市绿化空间，简洁不单调，丰富不杂乱。

主题公园核心区植物配置风格可归纳为“一线多点”式，沿湖滨水带为主线，串起各个不同风格的景点，整体不失变化。沿湖带状的滨水步道区域植物设计以通透设计为主，保证游人观景视线畅通。不同景点的植物配置风格整体中呈现变化，匹配不同的主题需求，例如“花迷宫”以花灌木打造迷宫景观；“阳光草坪”主要体现草坪景观；“绿野芳洲”则强调植物浓郁翠绿质感。

活水公园片区植物配置呈现出外疏内密、北低南高的植物景观效果，通过植物群落自然错落的林冠线去烘托北面的雷岗山和魁星阁。水生植物种植重心放在该区域湖面的东南角，营造出垂柳扶堤、荷香四溢的岭南水乡景观，一方面呼应活水公园的主题，另一方面也不会破坏千灯湖主体湖面的大气风格，从而呈现出外疏内密的植物景观效果。

（二）千灯湖公园二期植物配置

时光更迭，雷岗公园内部部分设施已经比较陈旧，与周边城市建设风貌渐渐不符，2015 年佛山市政府开始对雷岗公园进行整体景观的改造提升。于 2016 年新建仿古塔楼建筑魁星阁，于 2018 年修复雷岗山的山门牌坊，在牌坊北面修建新南入口广场，与佛山市南海区城市主干道佛平二路相接，如图 3-10、3-11 所示。现雷岗公园向北延伸与千灯湖公园一期相连，成为佛山市南海区中心城区的城市中轴线南段。

图 3-10　魁星阁

图 3-11　雷岗山山门牌坊

雷岗公园植物景观格局为南山北水的格局，南部以山闻名，秀丽的雷岗山绿树成荫，丛花争艳，一条登山大道盘旋而上，直通山顶魁星阁，阁中能眺望公园全景；北部以水为胜，北翠湖上游船轻荡，鱼儿穿梭，湖边杨柳依依，湖畔园林建筑掩映其间，别致宜人，令人沉醉不知归路；整个景区动静有致，闹静相间。曾以西溪晚钓、玉女弹琴、观音修竹、石云古道、龙头截雨、尼勒钟声、百鸟归巢、雁落平沙等八景闻名。

二、千灯湖公园典型景点植物配置

（一）典型景点绿地类型及分布情况

本次选取典型景点一共 26 处，其中入口广场 6 个；雾谷、白鹭溪流、凤凰溪流、花迷宫、水上岛屿景观、魁星阁等重要景观节点共 6 个；滨水活动空间 7 处；坡地景观 7 处。将 26 处典型景点根据地理位置和空间结构的不同归纳为休憩绿地、密林绿地、疏林绿地、滨水绿地和台地缓坡绿地五种类型，为表述清楚明确，分别用大写英文字母为绿地进行编号：休憩绿地的编号为 A、密林绿地的编号为 D、疏林草地的编号为 O，滨水绿地的编号为 R 以及台地缓坡绿地的编号为 T，如表 3-2 所示。

表 3-2　典型景点分布情况

植物群落景观样地类型	景点个数
休憩绿地（A1～A4）	4
密林绿地（D1～D4）	4
疏林草地（O1～O4）	4

续表

植物群落景观样地类型	景点个数
滨水绿地（R1～R7）	7
台地缓坡绿地（T1～T7）	7

本次研究的 26 处优秀植物景观单元分布示意图，如图 3-12 所示。

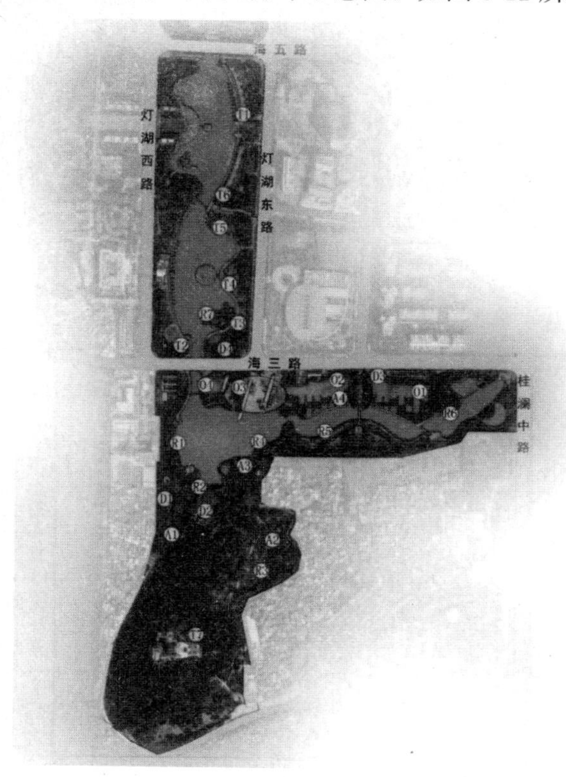

图 3-12 典型景点分布示意图

（二）典型景点植物配置情况

1. 休憩绿地

休憩绿地是指能为游人提供停留休憩场所的绿地，是一种既满足功能性需求，又满足生态效益的绿化设计模式。本次调研的 4 处休憩绿地主要分布于千灯湖公园一期范围。

（1）植物配置情况分析——景点 A1。景点 A1 位于雷岗公园片区新月广场，景观设计风格属于现代风格，为了营造更多游人休憩空间，设计了适合游人休憩的兼具分隔景观空间作用的弧形座凳。休憩区域上层乔木选择小叶榄仁，由于种植密度足够，起到了良好的遮阴效果，下层植物使用狗牙根＋沿阶草，减少蚊虫干扰，视线也通透，功能性强。广场东面地形起伏，采用“樟树—蜘蛛兰＋灰莉”乔灌搭配形式，起到一定屏障作用，营造了半私密空间氛围，如图 3-13 所示。A1 景点植物种类组成及其特征，如表 3-3 所示。

图 3-13　景点 A1 植物配置分析图

表 3-3　A1 景点植物种类组成及其特征

植物种类	科	属	数量/盖度	生活型	类型	形态
小叶榄仁	使君子科	诃子属	23	乔木	落叶	单干
樟树	樟科	樟属	6	乔木	常绿	单干
蜘蛛兰	兰科	蜘蛛兰属	6.2%	灌木	常绿	丛生
灰莉（球）	马钱科	灰莉属	4.2%	灌木	常绿	丛生
狗牙根	禾本科	狗牙根属	4.5%	灌木	常绿	丛生
沿阶草	百合科	沿阶草属	7.7%	灌木	常绿	丛生

（2）植物配置情况分析——景点 A2。该景点为登山道旁的小型休憩活动场地，场地中心由多个圆形的树池构成主要景观，同时也满足了游人停留休憩的功能需求。乔木层主景树是使用“红花羊蹄甲＋美丽异木棉＋细叶榕”，背景树使用“橡胶榕＋朴树＋白兰”种植在广场的外围。场地中心圆形树池中采用的是“细叶榕＋福建茶”搭配模式，遮阴效果较好，广场四周群植朱顶红和花叶假连翘，景点整体视线比较通畅，能很好地吸引游人进入场地休憩，如图 3-14 所示。A2 景点植物种类组成及其特征，如表 3-4 所示。

表 3-4　A2 景点植物种类组成及其特征

植物种类	科	属	数量/盖度	生活型	类型	形态
红花羊蹄甲	豆科	羊蹄甲属	8	乔木	常绿	单干
细叶榕	桑科	榕属	7	乔木	常绿	单干
橡胶榕	桑科	榕属	1	乔木	常绿	单干
朴树	榆科	朴属	1	乔木	落叶	单干
白兰	木兰科	含笑属	2	乔木	常绿	单干
美丽异木棉	木棉科	吉贝属	6	乔木	落叶	单干

续表

植物种类	科	属	数量/盖度	生活型	类型	形态
朱顶红	石蒜科	朱顶红属	7.7%	灌木	常绿	丛生
基及树（福建茶）	紫草科	基及树属	2.3%	灌木	常绿	丛生
花叶假连翘	马鞭草科	假连翘属	1.4%	灌木	常绿	丛生

图 3-14 景点 A2 植物配置分析图

（3）植物配置情况分析——景点 A3。此处属于半围合半封闭的绿化空间。高大的榄仁树以半包围的形态围合中央的草坪区。榄仁树下方设计规则式多级花坛，花坛中种植修剪整齐的红继木，来丰富此处景观的色相及立面空间。榄仁树为使君子科榄仁树属植物。榄仁树因果实的形状貌似橄榄的核，故而得名，花期 3～7 月，果期 7～9 月。榄仁树属于华南地区乡土树种，常生长在山地溪旁、榄仁树土壤要求不严，能在瘠薄的土壤中生长。临近湖面的多边形绿化带中种植的主要是樟树与蒲桃，蒲桃适应性强，各种土壤均能栽种，多生于水边及河谷湿地，在沙土上生长也良好，以肥沃、深厚和湿润的土壤为佳，如图 3-15 所示。A3 景点植物种类组成及其特征，如表 3-5 所示。

表 3-5 A3 景点植物种类组成及其特征

植物种类	科	属	数量/盖度	生活型	类型	形态
榄仁	使君子科	诃子属	7	乔木	落叶	草本
樟树	樟科	樟属	2	乔木	常绿	草本
蒲桃	桃金娘科	蒲桃属	3	灌木	常绿	丛生
花叶假连翘	马鞭草科	假连翘属	1.5%	灌木	常绿	丛生
红花檵木	金缕梅科	檵木属	2.5%	灌木	常绿	丛生
龙船花	茜草科	龙船花属	5.5%	灌木	常绿	丛生

续表

植物种类	科	属	数量/盖度	生活型	类型	形态
细叶结缕草（台湾草）	禾本科	结缕草属	47.2%	地被	/	草本

图 3-15　景点 A3 植物配置分析图

（4）植物配置情况分析——景点 A4。此处为一处狭长型半封闭的植物景观空间，临近公园一期的南入口广场，茂密的竹林起到天然的屏障作用，由花池结合座凳的设计能满足游人休憩的功能。花池中种植的红色龙船花与一片绿色的竹林相映成趣，如图 3-16 所示。A4 景点植物种类组成及其特征，如表 3-6 所示。

图 3-16　景点 A4 植物配置分析图

表 3-6　A4 景点植物种类组成及其特征

植物种类	科	属	数量/盖度	生活型	类型	形态
青皮竹	禾本科	簕竹属	63.3%	乔木	常绿	单干
细叶结缕草（台湾草）	禾本科	结缕草属	11.50%	地被	/	草本

2. 密林绿地

密林绿地指的是乔木种植密度较高、盖度比较大的绿地，是千灯湖公园的掩体山坡和路旁绿地空间中十分常见的绿地类型。

(1) 编号 D1 的景点。该景点位于千灯湖公园一期的一处面积较大的绿化空间，采用的是乔灌木的搭配形式，乔木层种植了“南洋楹＋红花羊蹄甲＋细叶榕＋非洲棘＋垂叶榕＋小叶榄仁＋蒲桃”，乔木品种十分丰富，灌木层种植了“巴西鸢尾＋胡椒木＋毛杜鹃”耐阴和半耐阴的植物，长势良好，生态效益体现良好，如图 3-17 所示。D1 景点植物种类组成及其特征，如表 3-7 所示。

图 3-17 景点 D1 植物配置分析图

表 3-7 D1 景点植物种类组成及其特征

植物种类	科	属	数量/盖度	生活型	类型	形态
南洋楹	豆科	合欢属	3	乔木	常绿	单干
红花羊蹄甲	豆科	羊蹄甲属	9	乔木	常绿	单干
细叶榕	桑科	榕属	3	乔木	常绿	单干
非洲械	楝科	非洲楝属	9	乔木	常绿	单干
垂叶榕	桑科	榕属	3	乔木	常绿	单干
小叶榄仁	使君子科	诃子属	4	乔木	落叶	单干
蒲桃	桃金娘科	蒲桃属	4	乔木	常绿	单干
巴西鸢尾	鸢尾科	鸢尾属	62.3%	灌木	常绿	丛生
胡椒木	芸香科	花椒属	13.5%	灌木	常绿	丛生
锦绣杜鹃	杜鹃花科	杜鹃属	23.4%	灌木	常绿	丛生

(2) 编号 D2 的景点。该景点选用刺桐作为主景树，小乔木鸡蛋花作为辅助。灌木层是片植龙血树和蜘蛛兰，作为绿地边缘，呈曲线分布，绿地中间丛植三到五株红绒球和苏铁，形成一个小型的封闭型植物景观。刺桐花期 3 月，花色鲜红，花形如辣椒，荚果呈念

珠状，树身高大挺拔，枝叶茂盛，与下层的龙血树形成呼应，该组团绿地在春季时候格外耀眼夺目，如图 3-18 所示。D2 景点植物种类组成及其特征，如表 3-8 所示。

图 3-18　景点 D2 植物配置分析图

表 3-8　D2 景点植物种类组成及其特征

植物种类	科	属	数量/盖度	生活型	类型	形态
刺桐	豆科	刺桐属	6	乔木	常绿	单干
鸡蛋花	夹竹桃科	鸡蛋花属	7	乔木	常绿	单干
朱樱花（红绒球）球	豆科	朱樱花属	13	灌木	常绿	丛生
苏铁	苏铁科	苏铁属	3	灌木	常绿	单干
龙血树	百合科	龙血树属	23.6%	灌木	常绿	丛生
蜘蛛兰	兰科	蜘蛛兰属	62.3%	灌木	常绿	丛生

（3）编号 D3 的景点。景点 D3 位于千灯湖公园一期的活水公园北广场，采用的乔灌木搭配方式，上层乔木是列植的小叶榄仁，下层灌木种植的是修剪整齐的“巴西鸢尾＋鹅掌柴＋锦绣杜鹃”。属于中层通透型的密林景观，能引导游人进入园区，如图 3-19 所示。D3 景点植物种类组成及其特征，如表 3-9 所示。

图 3-19　景点 D3 植物配置分析图

表 3-9　D3 景点植物种类组成及其特征

植物种类	科	属	数量/盖度	生活型	类型	形态
小叶榄仁	使君子科	诃子属	24	乔木	落叶	单干
巴西鸢尾	鸢尾科	鸢尾属	30.5%	灌木	常绿	丛生
鹅掌柴	五加科	鹅掌柴属	25.4%	灌木	常绿	丛生
锦绣杜鹃	杜鹃花科	杜鹃属	22.7%	灌木	常绿	丛生

（4）编号 D4 的景点。该景点位于海三路的白鸽塔附近的地势较低的下沉绿地空间，采用的是乔灌搭配的配置形式，乔木为“秋枫＋红花羊蹄甲＋吊瓜树”的搭配，树大荫浓，中层灌木选用丛植的红花檵木球，下层灌木是片植的“合果芋＋花叶假连翘＋鹅掌柴＋翠芦莉＋龙船花”，呈曲线构图，色彩富于变化，形成色彩斑斓的密林景观，如图 3-20 所示。D3 景点植物种类组成及其特征，如表 3-10 所示。

表 3-10　D4 景点植物种类组成及其特征

植物种类	科	属	数量/盖度	生活型	类型	形态
秋枫	大戟科	秋枫属	6	乔木	常绿	单干
吊瓜树	紫葳科	吊灯树属	5	乔木	常绿	单干
红花羊蹄甲	豆科	羊蹄甲属	3	乔木	常绿	单干
合果芋	天南星科	合果芋属	13.6%	灌木	常绿	丛生
花叶假连翘	马鞭草科	假连翘属	24.7%	灌木	常绿	丛生
鹅掌柴	五加科	鹅掌柴属	4.5%	灌木	常绿	丛生
翠芦莉	爵床科	单药花属	7.7%	灌木	常绿	丛生
红花檵木（球）	金缕梅科	檵木属	8	灌木	常绿	丛生
龙船花	茜草科	龙船花属	38.5%	灌木	常绿	丛生

图 3-20　景点 D4 植物配置分析图

3. 疏林草地

疏林草地指的是在一定范围内，林木的覆盖率一般不超过10%的绿地，多以乔木和地被植物为主，整体景观视线通透，景观空间尺度较开阔。本次进行美景度植物景观评价的疏林草地景观一共有4处，具体情况如下：

（1）编号O1的景点。该景点位于千灯湖公园的西三入口附近，属于市民广场景点范围。景点属于对称式空间布局，由外围的高大乔木搭配草坪的植物配置模式，嵌草石条打破过于单调的草坪构图，增添艺术感，两旁高大茂密的细叶榕为游客提供休憩和散步的阴凉，如图3-21所示。O1景点植物种类组成及其特征，如表3-11所示。

表3-11　O1景点植物种类组成及其特征

植物种类	科	属	数量/盖度	生活型	类型	形态
细叶榕	桑科	榕属	4	乔木	常绿	单干
细叶结缕草（台湾草）	禾本科	结缕草属	76.4%	地被	常绿	草本

图3-21　景点O1植物配置分析图

（2）编号O2的景点。该景点位于千灯湖公园北门入口东侧，草坪上丛植三株红花风铃木，红花风铃木树冠开阔、枝条稀疏、枝叶疏朗，初春开花，花色艳丽，满树繁花十分夺目。疏林草地边缘种植凤凰木和小叶榄仁等为主的树群，修饰草坪边缘，遮挡公园外的喧嚣，如图3-22所示。O2景点植物种类组成及其特征，如表3-12所示。

图3-22　景点O2植物配置分析图

表 3-12 O2 景点植物种类组成及其特征

植物种类	科	属	数量/盖度	生活型	类型	形态
红花风铃木	紫葳科	风铃木属	5	乔木	常绿	单干
凤凰木	豆科	凤凰木属	2	乔木	常绿	单干
红花羊蹄甲	豆科	羊蹄甲属	2	乔木	常绿	单干
小叶榄仁	使君子科	诃子属	3	乔木	落叶	单干
蜘蛛兰	兰科	蜘蛛兰属	3.8%	灌木	常绿	丛生
基及树（福建茶）	紫草科	基及树属	5.6%	灌木	常绿	丛生
细叶结缕草（台湾草）	禾本科	结缕草属	80.4%	地被	常绿	草本

（3）编号 O3 的景点。该景点位于千灯湖公园北门入口西侧，临近湖面，采用乔木层搭配砾石的设计手法，其间搭配上几个儿童奔跑的雕塑，显得格外生机灵动。虽然植物景观层次简单，但是视线通透，秋枫树干圆满通直，树皮粗糙质感，别有一番意境，如图 3-23 所示。O3 景点植物种类组成及其特征，如表 3-13 所示。

图 3-23 景点 O3 植物配置分析图

表 3-13 O3 景点植物种类组成及其特征

植物种类	科	属	数量/盖度	生活型	类型	形态
秋枫	大戟科	秋枫属	15	乔木	常绿	单干

（4）编号 O4 的景点。该景点编号为 O4，占地面积约 $500m^2$，位于一座景观桥头坡地上，整体植物景观左密右疏，属于半封闭型植物群落空间，靠近桥一侧的绿地植物层次丰富，以“肾蕨＋蒲葵＋扇叶露兜树”做中层植物景观，不仅起到天然屏障之用，而且体现出浓厚地亚热带风情；远离桥一侧绿地植物群落层次降低为中层小乔搭配草坪的设计，黄金串钱柳与紫薇搭配，可观色可观花，两者质感上也形成强烈对比，增强了景观效果，草坪地势平坦，阳光充足，成为游人聚集停留的空间，如图 3-24 所示。O4 景点植物种类组成及其特征，如表 3-14 所示。

图 3-24　景点 O4 植物配置分析图

表 3-14　O4 景点植物种类组成及其特征

植物种类	科	属	数量/盖度	生活型	类型	形态
凤凰木	豆科	凤凰木属	2	乔木	常绿	单干
散尾葵	棕榈科	散尾葵属	3	乔木	常绿	单干
紫薇	千屈菜科	紫薇属	2	乔木	常绿	单干
软叶刺葵（细叶针葵）	棕榈科	束日葵属	5	乔木	常绿	单干
扇叶露兜树	露兜树科	露兜树属	3	灌木	常绿	丛生
红花檵木	金缕梅科	檵木属	12.3%	灌木	常绿	丛生
基及树（福建茶）	紫草科	基及树属	6.2%	灌木	常绿	丛生
细叶结缕草（台湾草）	禾本科	结缕草属	72.4%	地被	常绿	草本

4. 滨水绿地

滨水绿地是千灯湖公园十分常见的绿地类型，随着驳岸形式的不同滨水绿地也会产生不同的景观效果。本次进行美景度植物景观评价的滨水景观一共有 7 处，具体情况如下。

（1）编号 R1 的景点。该滨水绿地的驳岸采用自然缓坡式驳岸，水面与人行步道通过绿化带隔开，为保证观景视线通畅，临水乔木采用“垂柳＋串钱柳”混植，局部丛植蒲桃，增加树荫的同时也使沿岸林冠线更加饱满，灌木层采用片植的“花叶艳山姜＋吉祥草”，局部点缀景石，营造岭南水乡意境，如图 3-25 所示。R1 景点植物种类组成及其特征，如表 3-15 所示。

图 3-25 景点 R1 植物配置分析图

表 3-15 R1 景点植物种类组成及其特征

植物种类	科	属	数量/盖度	生活型	类型	形态
蒲桃	桃金娘科	蒲桃属	4	乔木	常绿	单干
串钱柳	桃金娘科	红千层属	5	乔木	常绿	单干
垂柳	杨柳科	柳属	4	灌木	常绿	单干
紫薇	千屈菜科	紫薇属	3	灌木	常绿	单干
花叶艳山姜	姜科	山姜属	12.4%	灌木	常绿	丛生
龙船花	茜草科	龙船花属	13.6%	灌木	常绿	丛生
吉祥草	百合科	吉祥草属	22.4%	地被	/	草本

(2) 编号 R2 的景点。该景点位于千灯湖公园雷岗公园片区，沿岸散置了许多造型独特优美的湖石，该植物组团的观赏价值很高，为典型的岭南风情植物景观。上层乔木为树型较高大的蒲桃，下层灌木中临近水边的使用“龟背竹＋花叶艳山姜＋千年木＋鳞秕泽米铁”搭配景石，靠近园路一边则种植“变叶木＋翠芦利＋台湾草”，形成从内而外十分丰富的滨水植物景观层次，如图 3-26 所示。R2 景点植物种类组成及其特征，如表 3-16 所示。

表 3-16 R2 景点植物种类组成及其特征

植物种类	科	属	数量/盖度	生活型	类型	形态
蒲桃	桃金娘科	蒲桃属	3	乔木	常绿	单干
龟背竹	天南星科	龟背竹属	3.6%	灌木	常绿	丛生
花叶艳山姜	姜科	山姜属	4.1%	灌木	常绿	丛生
五彩千年木	龙舌兰科	龙血树属	3.8%	灌木	常绿	丛生
变叶木	大戟科	变叶木属	3.4%	灌木	常绿	丛生

续表

植物种类	科	属	数量/盖度	生活型	类型	形态
鳞秕泽米铁	泽米铁科	泽米铁属	2.5%	灌木	常绿	单干
翠芦莉	爵床科	单药花属	1.7%	灌木	常绿	丛生
细叶结缕草（台湾草）	禾本科	结缕草属	34.2%	地被	/	草本

图 3-26　景点 R2 植物配置分析图

（3）编号 R3 的景点。该景点位于千灯湖公园雷岗公园片区，有曲桥横跨水面，桥头植物配置十分丰富。前景树采用“火焰树＋串钱柳”，背景树采用“黄葛榕＋南洋杉”，中层大灌木使用“木芙蓉＋蒲葵”，临水矮灌木使用“黄金榕＋朱蕉＋蜘蛛兰＋红车＋翠芦莉＋一叶兰”，水边植物采用“水生美人蕉＋香蒲＋再力花”，整体从陆地到水面，植物景观层次明显，色彩鲜明，如图 3-27 所示。R3 景点植物种类组成及其特征，如表 3-17 所示。

表 3-17　R3 景点植物种类组成及其特征

植物种类	科	属	数量/盖度	生活型	类型	形态
黄葛树	桑科	榕属	1	乔木	落叶	单干
火焰树	紫葳科	火焰树属	2	乔木	落叶	单干
南洋杉	豆科	合欢属	3	乔木	常绿	单干
蒲葵	棕榈科	蒲葵属	5	灌木	常绿	单干
红车	桃金娘科	蒲桃属	4	灌木	常绿	单干
黄金榕（球状）	桑科	榕属	3	灌木	常绿	丛生
细叶结缕草（台湾草）	禾本科	结缕草属	42.6%	地被	常绿	草木

图 3-27　景点 R3 植物配置分析图

(4) 编号 R4 的景点。该景点驳岸采用景石堆叠的垂直驳岸形式，搭配花叶艳山姜和朱蕉，打造岭南水乡风格。水岸线散植几株落羽杉，增加整体水岸线的层次，临近人行步道一侧种植蒲桃等耐湿乔木，灌木层使用丛植的翠芦利和花叶假连翘，根据叶色深浅不同，形成自然灵动的曲线构图，如图 3-28 所示。R4 景点植物种类组成及其特征，如表 3-18 所示。

图 3-28　景点 R4 植物配置分析图

表 3-18　R4 景点植物种类组成及其特征

植物种类	科	属	数量/盖度	生活型	类型	形态
池杉	杉科	落羽杉属	1	乔木	常绿	单干
落羽杉	杉科	落羽杉属	2	乔木	常绿	单干
串钱柳	桃金娘科	红千层属	13	乔木	常绿	单干
蒲桃	桃金娘科	蒲桃属	5	乔木	常绿	单干
花叶艳山姜	姜科	山姜属	21.4%	灌木	常绿	丛生
翠芦莉	爵床科	单药花属	18.3%	灌木	常绿	丛生
花叶假连翘	马鞭草科	假连翘属	15.2%	灌木	常绿	丛生

续表

植物种类	科	属	数量/盖度	生活型	类型	形态
朱蕉	龙舌兰科	朱蕉属	9.6%	灌木	常绿	丛生

（5）编号R5的景点。该景点水岸线清新独特，上层乔木为落羽杉，下层为挺水植物"水生美人蕉＋梭鱼草"，形成斑块状构图，自然简约，别有一番情致，如图3-29所示。R5景点植物种类组成及其特征，如表3-19所示。

图3-29　景点R5植物配置分析图

表3-19　R5景点植物种类组成及其特征

植物种类	科	属	数量/盖度	生活型	类型	形态
落羽杉	杉科	落羽杉属	7	乔木	常绿	单干
水生美人蕉	美人蕉科	美人蕉属	8.5%	灌木	常绿	单干
梭鱼草	雨久花科	梭鱼草属	7.9%	灌木	常绿	单干

（6）编号R6的景点。该景点为一处半圆形的亲水平台绿地，岸边种植水生美人蕉，绿地四围种植了垂柳，绿地中心则是由"蒲桃＋水翁＋榄仁＋黄槐"打造的混交林，如图3-30所示。R6景点植物种类组成及其特征，如表3-20所示。

图3-30　景点R6植物配置分析图

表 3-20 R6 景点植物种类组成及其特征

植物种类	科	属	数量/盖度	生活型	类型	形态
垂柳	杨柳科	柳属	12	乔木	常绿	单干
蒲桃	桃金娘科	蒲桃属	13	乔木	常绿	单干
水翁	桃金娘科	水翁属	8	乔木	常绿	单干
榄仁	使君子科	诃子属	6	乔木	落叶	单干
黄槐	豆科	决明属	10	乔木	常绿	单干
细叶结缕草（台湾草）	禾本科	结缕草属	/	地被	/	草本
水生美人蕉	美人蕉科	美人蕉属	/	灌木	常绿	丛生

（7）编号 R7 的景点。该景点为一处水上岛屿景观，由一个主岛屿和两个小岛屿组成，主岛屿和滨水景观道之间由小石桥连接，游人可在岛屿中穿梭行走，是千灯湖公园的特色景点。岛屿植物配置丰富，主要以热带植物为主，小岛屿以海枣作为主景树，观赏价值很高，为典型的热带风情植物景观，如图 3-31 所示。R6 景点植物种类组成及其特征，如表 3-21 所示。

表 3-21 R7 景点植物种类组成及其特征

植物种类	科	属	数量/盖度	生活型	类型	形态
海枣	棕榈科	刺葵属	3	乔木	常绿	单干
垂柳	杨柳	科柳属	3	乔木	常绿	单干
蒲葵	棕榈科	蒲葵属	5	乔木	常绿	单干
红花檵木	金缕梅科	檵木属	/	灌木	常绿	丛生
花叶假连翘	马鞭草科	假连翘属	/	灌木	常绿	丛生
翠芦莉	爵床科	单药花属	/	灌木	常绿	丛生
花叶艳山姜	姜科	山姜属	/	灌木	常绿	丛生
叶子花（三角梅）球	紫茉莉科	叶子花属	6	灌木	常绿	丛生
黄金榕（球）	桑科	榕属	9	地被	常绿	丛生
萼距花	千屈菜科	萼距花属	/	乔木	常绿	丛生
细叶结缕草（台湾草）	禾本	结缕草属	/	乔木	/	草本

图 3-31　景点 R7 植物配置分析图

5. 台地缓坡绿地

本次研究的 7 处台地缓坡绿地位于千灯湖公园一期的掩体山坡区域和雷岗公园山林草坡区域，属于千灯湖公园常见的绿地形式，具体情况如下：

（1）编号 T1 的景点。该景点为台地景观，一共有五层绿化带，每一层主景树各不相同，以蒲桃、芭蕉、紫微为主景乔木，搭配鸡蛋花、棕竹和黄金香柳作为小乔木层，整体植物景观层次鲜明，色彩丰富，是千灯湖公园一期代表性的台地植物景观，如图 3-32 所示。T1 景点植物种类组成及其特征，如表 3-22 所示。

图 3-32　景点 T1 植物配置分析图

表 3-22　T1 群落植物种类组成及其特征

植物种类	科	属	数量/盖度	生活型	类型	形态
蒲桃	桃金娘科	蒲桃属	9	乔木	常绿	单干
串钱柳	桃金娘科	红千层属	4	乔木	常绿	单干
垂柳	杨柳科	柳属	3	乔木	常绿	单干
紫薇	千屈菜科	紫薇属	3	灌木	常绿	单干或多干
黄金香柳	桃金娘科	白千层属	7	灌木	常绿	单干
芭蕉	芭蕉科	芭蕉属	5	灌木	常绿	/

续表

植物种类	科	属	数量/盖度	生活型	类型	形态
鸡蛋花	夹竹桃科	鸡蛋花属	5	灌木	常绿	单干
龙船花	茜草科	龙船花属	/	灌木	常绿	丛生
花叶艳山姜	姜科	山姜属	/	灌木	常绿	丛生
棕竹	棕榈科	棕竹属	/	灌木	常绿	丛生
红花檵木	金缕梅科	楹木属	/	灌木	常绿	丛生
翠芦利	爵床科	单药花属	/	灌木	常绿	丛生
吉祥草	百合科	吉祥草属	/	地被	/	草本

（2）编号 T2 的景点。该景点是千灯湖公园特有的山林掩体景观，湖边山峦起伏，成为千灯湖公园的天然屏障，也是常见的坡地绿化模式，采用上层乔木搭配下层大色块的灌木丛斑块的方式，营造出一种大气、整体性强的植物景观。上层乔木种植“蒲桃＋糖胶树＋红花羊蹄甲”，下层种植红花檵木灌木球搭配“花叶假连翘＋福建茶”构成的色块，如图 3-33 所示。T2 景点植物种类组成及其特征，如表 3-23 所示。

图 3-33　景点 T2 植物配置分析图

表 3-23　T2 群落植物种类组成及其特征

植物种类	科	属	数量/盖度	生活型	类型	形态
红花羊蹄甲	豆科	羊蹄甲属	4	乔木	常绿	单干
蒲桃	桃金娘科	蒲桃属	3	乔木	常绿	单干
糖胶树	夹竹桃科	鸡骨常山属	3	乔木	常绿	单干
红花檵木球	金缕梅科	檵木属	3	灌木	常绿	单干或者多干
基及树（福建茶）	紫草科	基及树属	7.1%	灌木	常绿	丛生
红花檵木	金缕梅科	檵木属	12.3%	灌木	常绿	丛生
花叶假连翘	马鞭草科	假连翘属	13.5%	灌木	常绿	丛生

续表

植物种类	科	属	数量/盖度	生活型	类型	形态
龙船花	茜草科	龙船花属	7.3%	灌木	常绿	丛生

（3）编号 T3 的景点。该绿化组团位于山石跌水景观旁，临近跌水处是以苏铁为主景的灌木组团，由“细叶针葵＋苏铁＋银边草＋短萼距花”搭配景石，营造岭南风情植物景观。远处山坡顶部种植以“凤凰木＋红木＋紫微”的背景林，如图 3-34 所示。T3 景点植物种类组成及其特征，如表 3-24 所示。

表 3-24　T3 景点植物种类组成及其特征

植物种类	科	属	数量/盖度	生活型	类型	形态
红木	红木科	红木属	3	小乔木	常绿	单干
凤凰木	豆科	凤凰木属	3	乔木	常绿	单干
紫薇	千屈菜科	紫薇属	6	乔木	常绿	单干
软叶刺葵	棕榈科	束日葵属	6	灌木	常绿	单干
苏铁	苏铁科	苏铁属	6	灌木	常绿	单干
朱樱花（红绒球）	含羞草科	朱缨花属	8	灌木	常绿	丛生
锦绣杜鹃（球状）	杜鹃花科	杜鹃属	3	灌木	常绿	丛生
灰莉（球状）	马钱科	灰莉属	3	地被	常绿	丛生
花叶艳山姜	姜科	山姜属	12.9%	地被	常绿	丛生
肾蕨	肾蕨科	肾蕨属	8.9%	地被	常绿	丛生
沿阶草	百合科	沿阶草属	4.4%	地被	常绿	丛生
萼距花	千屈菜科	萼距花属	4.7%	小乔木	常绿	丛生
细叶结缕草（台湾草）	禾本科	结缕草属	58.4%	乔木	常绿	草本

图 3-34　景点 T3 植物配置分析图

（4）编号 T4 的景点。该景点属于临水步道旁的坡地绿化，山坡不高，山坡顶部设置平台供游人活动。该绿地景观比较简单，临湖一侧种植凤凰木，采用乔木搭配草坪的模式，坡地上端平台一侧种植细叶榕，起到背景林的作用，山坡上散植蒲葵丰富植物空间，如图 3-35 所示。T4 景点植物种类组成及其特征，如表 3-25 所示。

表 3-25 T4 景点植物种类组成及其特征

植物种类	科	属	数量/盖度	生活型	类型	形态
凤凰木	豆科	凤凰木属	3	乔木	常绿	单干
细叶榕	桑科	榕属	1	乔木	常绿	单干
蒲葵	棕榈科	蒲葵属	6	乔木	常绿	单干
垂叶榕	桑科	榕属	8	乔木	常绿	单干
细叶结缕草（台湾草）	禾本科	结缕草属	26.3%	地被	/	草本

图 3-35 景点 T4 植物配置分析图

（5）编号 T5 的景点。该坡地绿化位于园路弧形拐角处，前景植物以散植的几株黄金榕球为主景，背景植物采用“红花羊蹄甲＋麻楝＋秋枫——鹅掌柴（灌木丛）”的搭配，成为绿色屏障，也作为了灯塔建筑的衬景，如图 3-36 所示。T5 景点植物种类组成及其特征，如表 3-26 所示。

图 3-36 景点 T5 植物配置分析图

表 3-26　T5 景点植物种类组成及其特征

植物种类	科	属	数量/盖度	生活型	类型	形态
红花羊蹄甲	豆科	羊蹄甲属	6	乔木	常绿	单干
麻楝	楝科	麻楲属	2	乔木	常绿	单干
秋枫	大戟科	秋枫属	6	乔木	常绿	单干
鹅掌柴	五加科	鹅掌柴属	4	灌木	常绿	丛生
黄榕（球）	桑科	榕属	5	灌木	常绿	丛生
红花檵木（球）	金缕梅科	檵木属	7	灌木	常绿	丛生

（6）编号 T6 的景点。该景点坡地绿化品种比较多，采用的是乔灌草三个层次的搭配，乔木层使用“黄葛榕＋水石榕＋串钱柳＋秋枫＋鸡蛋花”，灌木层丛植“花叶艳山姜＋蒲葵”，但是由于长势很好，高达 1.7～2.0 m，已然形成一道绿墙景观，如图 3-37 所示。T6 景点植物种类组成及其特征，如表 3-27 所示。

图 3-37　景点 T6 植物配置分析图

表 3-27　T6 景点植物种类组成及其特征

植物种类	科	属	数量/盖度	生活型	类型	形态
黄葛榕	桑科	榕属	1	乔木	常绿	单干
水石榕	杜英科	杜英属	3	乔木	常绿	单干
串钱柳	桃金娘科	红千层属	2	乔木	常绿	单干
秋枫	大戟科	秋枫属	2	乔木	常绿	单干
鸡蛋花	夹竹桃科	鸡蛋花属	3	乔木	常绿	单干
花叶艳山姜	姜科	山姜属	17.6%	灌木	常绿	丛生
蒲葵	棕榈科	蒲葵属	4.7%	灌木	常绿	单干
细叶结缕草（台湾草）	禾本科	结缕草属	12.3%	地被	常绿	草本

（7）编号 T7 的景点。该景点位于雷岗公园景区魁星阁前广场，是广场与园路间的分

隔绿地，有一定的坡度。临近登山园路一侧植物搭配为“腊肠树＋秋枫—毛杜鹃＋红继木（球）”，临近魁星阁前广场一侧的植物搭配为“杨梅—毛杜鹃＋金叶假连翘＋长隔木”，如图 3-38 所示。T7 景点植物种类组成及其特征，如表 3-28 所示。

图 3-38 景点 T7 植物配置分析图

表 3-28 T7 景点植物种类组成及其特征

植物种类	科	属	数量/盖度	生活型	类型	形态
杨梅	杨梅科	杨梅属	6	乔木	常绿	单干
腊肠树	豆科	决明属	2	乔木	常绿	单干
红花檵木（球）	金缕梅科	檵木属	6	灌木	常绿	丛生
毛杜鹃（球状）	杜鹃花科	杜鹃属	4	灌木	常绿	丛生
毛杜鹃	杜鹃花科	杜鹃属	17%	灌木	常绿	丛生
长隔木	茜草科	长隔木属	10%	灌木	常绿	丛生
红花檵木	金缕梅科	檵木属	24.4%	灌木	常绿	丛生
金叶假连翘	马鞭草科	假连翘属	6.7%	灌木	常绿	丛生
蜘蛛兰	兰科	蜘蛛兰属	11.3%	灌木	常绿	丛生

6. 典型景点植物配置概况汇总

进行景观评价的 26 处典型景点的植物配置情况，如表 3-29～3-33 所示。

表 3-29 A 休憩绿地基本情况

编号	植物配置情况	绿地位置
A1	细叶榄仁—狗牙根＋沿阶草	千灯湖一期
A2	红花羊蹄甲＋美丽异木棉＋细叶榕＋橡胶榕＋朴树＋白兰—朱顶红＋福建茶＋花叶假连翘	千灯湖二期—雷岗公园片区

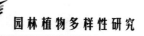

续表

编号	植物配置情况	绿地位置
A3	榄仁＋樟树＋蒲桃—金叶假连翘＋红继木＋龙船花—台湾草	千灯湖一期
A4	青皮竹—台湾草	千灯湖一期

表 3-30　D 密林绿地基本情况

编号	植物配置情况	绿地位置
D1	南洋楹＋红花羊蹄甲＋细叶榕＋非洲楝＋垂叶榕＋小叶榄仁＋蒲桃—巴西鸢尾＋胡椒木＋毛杜鹃	千灯湖一期
D2	刺桐＋鸡蛋花—龙血树＋红绒球＋蜘蛛兰	千灯湖一期
D3	细叶榄仁—巴西鸢尾＋鹅掌柴＋锦绣杜鹃	千灯湖一期
D4	秋枫＋吊瓜树＋红花羊蹄甲—合果芋＋花叶假	千灯湖一期

表 3-31　O 疏林草地基本情况

编号	植物配置情况	绿地位置
O1	黄槐＋红花羊蹄甲＋青皮竹—台湾草	千灯湖一期
O2	红花风铃木—台湾草	千灯湖一期
O3	秋枫（下铺碎石）	千灯湖一期
O4	凤凰木＋蒲葵＋散尾葵—扇叶露兜树＋细叶针葵＋黄金串钱柳＋紫薇＋红花檵木—台湾草	千灯湖一期

表 3-32　R 滨水绿地基本情况

编号	植物配置情况	绿地位置
R1	蒲桃＋串钱柳＋垂柳—紫薇＋花叶艳山姜＋龙船花—吉祥草	千灯湖一期
R2	蒲桃—龟背竹＋花叶艳山姜＋千年木＋变叶木＋鳞秕粗泽米铁＋翠芦莉—台湾草	千灯湖一期
R3	火焰树＋黄葛榕＋南洋杉＋串钱柳—木芙蓉＋蒲葵＋黄金榕＋朱蕉＋蜘蛛兰＋红车＋翠芦莉＋一叶兰—水生美人蕉＋香蒲＋再力花	千灯湖二期一雷岗公园片区
R4	池杉＋串钱柳＋蒲桃—花叶艳山姜＋翠芦莉＋花叶假连翘＋朱蕉	千灯湖一期
R5	落羽杉—水生美人蕉＋梭鱼草	千灯湖一期
R6	垂柳＋蒲桃＋水翁＋榄仁＋黄槐—台湾草—水生美人蕉	千灯湖一期
R7	海枣＋垂柳＋蒲葵—红花檵木＋花叶假连翘＋翠芦莉＋花叶艳山姜＋勒杜鹃（球）＋黄金榕（球）—萼距花＋台湾草	千灯湖一期

表 3-33　T 台地缓坡绿地基本情况

编号	植物配置情况	绿地位置
T1	蒲桃＋串钱柳＋垂柳—紫薇＋花叶艳山姜＋龙船花—吉祥草；黄金香柳＋芭蕉＋鸡蛋花—吉祥草/翠芦利；棕竹＋红花檵木＋芭蕉—翠芦利；蒲桃＋紫微—花叶艳山姜＋龙船花—吉祥草	千灯湖一期
T2	蒲桃＋糖胶树＋红花羊蹄甲—花叶假连翘＋福建茶＋红花檵木（球）	千灯湖一期
T3	凤凰木＋红木＋紫微—细叶针葵＋苏铁＋灰莉（球）＋毛杜鹃（球）＋银边草＋短萼距花—台湾草	千灯湖二期—雷岗公园片区
T4	凤凰木＋细叶榕—蒲葵—台湾草	千灯湖一期
T5	红花羊蹄甲＋麻楝＋秋枫—鹅掌柴＋黄榕（球）	千灯湖一期
T6	黄葛榕＋水石榕＋串钱柳＋秋枫＋鸡蛋花—花叶艳山姜＋蒲葵—台湾草	千灯湖一期
T7	腊肠树＋秋枫＋杨梅—毛杜鹃＋红继木（球）＋毛杜鹃＋金叶假连翘＋长隔木	千灯湖一期

注：表 3-29～3-33 中，“＋”用于连接同一高度层次的不同植物品种；“—”用于连接不同高度层次的植物。

三、千灯湖公园植物配置总结及优化建议

（一）千灯湖公园植物配置总结

1. 效仿自然，模拟乡土植物群落景观

岭南有着得天独厚的植物资源，地处亚热带气候区，植物品种多样，模仿大自然植物群落，既能使植物搭配合理，达到最佳的景观效果，又完美地体现了岭南文化风情。在植物运用上要充分挖掘利用乡土树种，力求达到“虽为人作，宛自天开”的植物群落景观效果。

千灯湖公园植物主要以小叶榕、高山榕、黄葛榕、水石榕、秋枫、阴香、印度紫檀、非洲楝等冠幅大的乔木营造绿荫空间；由羊蹄甲、木棉、南洋楹、大叶紫薇、黄槐、凤凰木、串钱柳、蒲桃等开花乔木来营造丰富的色彩空间；由南洋杉、扇叶露兜树、散尾葵、蒲葵、海枣、旅人蕉、花叶艳山姜等树种来营造岭南风情；这些植物大部分都属于乡土树种，也是千灯湖公园植物造景的骨干树种，影响着千灯湖公园整体景观特色，将岭南水乡文化打造得淋漓尽致，如图 3-39 所示。

图 3-39　千灯湖公园乡土植物景观

2. 文化融合，形成风格统一的植物景观意境

千灯湖公园属于城市中轴线公园，公园覆盖面广，功能需求多，游人密度高，公园属于分期建设项目，一期和三期属于新建，二期属于改建，为了避免景观风格出现杂乱无章的情况，风格一致的园林小品、景观建筑与植物的合理搭配，使植物景观与文化融合渗透，增强了风格统一性和整体性，凸显了千灯湖公园门户景观的特色，具体如表 3-34 所示。

表 3-34　植物景观与文化融合

编号	名称	实景图片	分析
1	园林建筑与植物		通过风格统一的园林建筑特征来加强植物景观的整体性
2	灯塔与植物		灯塔是千灯湖公园主要造景元素，水岸两旁有规律地重复修建风格统一的灯塔，凸显公园主色调

续表

编号	名称	实景图片	分析
3	雕塑小品与植物		主要景点分散布置人物雕塑小景，同一系列风格的雕塑能形成文化意境的统一感

3. 疏密结合，营造层次分明的植物空间

千灯湖公园拥有良好的山湖资源。欣赏湖景为主的公园，其植物配置都宜采用通透式设计，营造近观远观两相宜的植物景观。沿湖设置的宽阔滨水景观道，是游人主要聚集的场所。水岸边种植了垂柳、串钱柳、水翁等姿态婀娜的主景树，形成“柳絮袅娜随风舞”的湖光山色。局部穿插落羽杉、池杉等尖塔形树冠植物，搭配色叶灌木、花灌木以此来丰富水岸林冠线层次。水岸线上有多处延伸入湖中的绿地，形成水上森林景观，这样开合张弛的设计，使湖岸线呈现出虚实结合、高低错落的景观效果。

除了湖岸线景观呈现出疏密变化之外，千灯湖公园的内陆景观也呈现出疏密有致的景观特色。挖湖的土方沿湖堆砌形成掩体山坡，山坡上密植层次丰富的植物群落，形成天然的绿色屏障；山坡下地势平缓设计成疏林草地景观，疏密结合，共同营造千灯湖植物景观特色。植物空间营造示例如表 3-35 所示。

表 3-35　植物空间层次示例

	沿湖岸种植树型挺拔的落羽杉，花色艳丽的美人蕉，在高大深绿色背景林的映衬，颜色和质感都能有效地凸显出来，轮廓分明，隔岸远观，形成层次丰富的林冠线效果

续表

	园路一端是繁华都市的马路，另一段是宁静的湖面，园路两边层次丰富的植物景观所形成的自然屏障，阻挡了城市马路的喧嚣，成为湖边的透景线，引导游人缓步向水边而行
	千灯湖公园为了连通东西南北的交通要道，修建了大大小小、形态各异的桥，桥边种植尺度合宜、层次丰富的植物群落，能与桥身互相映衬，达到最好的景观效果

4. 造景合宜，满足景观功能性和艺术性

公园植物景观设计遵循植物配置原则，根据不同的景观功能需求，利用植物营造出了不同的休憩场所，再结合艺术性的考虑，体现植物单体与群落的艺术美。

如图 3-40 所示，疏林绿地主景树林使用的是竹林，不仅能满足私密性的功能需求，还能增加景点的岭南文化艺术氛围。如图 3-41 所示，垂柳的柔和美与园林小径的线条美辉映成趣，临水一侧植物层次较简单，种植单层乔木垂柳，保证观景视线通畅；另一侧较丰富，采用乔木搭配各式花灌木的形式来营造深远幽静之感。

图 3-40　竹林休憩空间

图 3-41　园林小径

5. 因地制宜，营造独特地势植物景观

千灯湖公园湖面开阔，掩体山坡山势起伏变幻，将千灯湖公园与城市车马喧嚣自然隔开，形成一处天然的下沉景观，使整个公园更具宁静和美的气氛。根据地势营造生态自然的坡地绿化和层次丰富的台地景观，都能恰到好处，烘托气氛，如图 3-42、3-43 所示。

图 3-42　坡地绿化

图 3-43　台地绿化

千灯湖水域资源丰富，以水为布，以植物为笔，绘制了一幅水上画卷，打造了水上森林景观、水中岛屿景观，这样独特的地势植物景观成为千灯湖标志性植物景观特色，如图 3-44、3-45 所示。

图 3-44　水中岛屿景观

图 3-45　水上森林景观

6. 行云流水，打造风格统一色块型园林

公园一期水面宽阔，湖畔两旁由挖湖堆填的山峦环绕，山势时高时低，依据山势配置植物时利用挥毫泼墨的手法，使用大色块拼接构图的方式，打造行云流水、风格统一的园林植物景观。沿湖游玩时，近可感受微风拂面，鸟语花香，远可欣赏色彩斑斓的远山画卷，十分惬意。大气的色块型园林同时也具备整体性强的特点，增强标志性，能更好地凸显千灯湖公园作为南海区中轴线景观的特殊地位，如图 3-46 所示。

图 3-46　山峦湖景

7. 搭配合理，植物群落景观季相变化丰富

植物景观是生长变化着的景观，植物一年四季能呈现出不同的形态，如果搭配合理，不断生长变化着的植物将会成为大地上流动的艺术品。植物造景要保证四季有景可观，春观花，夏听竹，秋赏菊，冬品梅。但在岭南地区，由于气候原因，常绿植物品种居多，在植物配置上反而更难做到季相变化。

千灯湖公园植物配置通过季相植物的合理搭配，能实现四季有花可赏：

春季观花赏景树主要有木棉、黄花风铃木、火焰木等，木棉如火盛开，风铃木也争奇斗艳。

夏季观花主景树有蓝花楹、腊肠树、凤凰木、大叶紫薇、美丽异木棉等。除此之外，公园里面种植了多处的竹林，夏季湖畔凉风吹来，竹叶沙沙，正是纳凉的好去处。

秋季除了欣赏各类菊科花灌木之外，色叶植物也是值得欣赏的一部分，搭配景石体现浓厚的岭南风味，白兰、桂花、鸡蛋花等植物正值香花盛开，香风阵阵，分外宜人。

冬季的主要观景树种有细叶榄仁、落羽杉等树形优美的常绿乔木，勒杜鹃、山茶等花灌木，此时公园会在绿地点缀时花来烘托节日氛围，例如：一串红、万寿菊、金鱼草、孔雀草等。

（二）千灯湖公园植物配置的不足

德国著名的景观设计师彼得约瑟夫·林内曾提出，“任何东西缺少照料都会衰败，即便是最伟大的设计，如果处置不当，都会被破坏。”[①] 而公园的植物景观也是如此。植物的生长是非理性的，如果缺少照料，它们可能会生长杂乱，竞争过度（互相倾轧），形成的视觉效果也会越来越差。千灯湖公园植物配置的问题主要表现在以下几方面：

① 卡尔·斯坦尼兹．景观设计思想发展史（上）[J]．中国园林，2001（5）：92-95.

1. 部分景点景观步道树荫不够

沿湖景观步道由于一侧临水，道路绿化只能采用单边种植的方式，而步道较宽阔，导致步道树荫不够，游玩质量降低，如图 3-47 所示；在千灯湖三期景观中，也出现了部分景观步道遮荫效果较差的情况，如图 3-48 所示，希望重视该问题，适当增加行道树。

图 3-47　滨水景观步道

图 3-48　千灯湖三期景观步道

2. 缺少养护管理，部分植物空间过于密集或者过于稀疏

植物是不断生长着的，会随着时间的推移，出现越来越密集或者越来越稀疏的状态，因而必须时常对植物景观进行优化调整。过于密集的植物群落应该适当抽稀，而逐渐稀疏的必须及时补种。如图 3-49 所示，部分乔木生长过快，枝条之间交错杂乱，水生植物长势不佳，未及时更新，导致水岸景观一片萧条之气；如图 3-50 所示，灌木丛生长杂乱，原本的形态已经完全被破坏。

图 3-49　需要补种的景观

图 3-50　需要稀疏的景观

3. 水生植物品种较少，种植手法较单一

千灯湖公园的水生植物和过渡植物种类偏少，水生系统不够完善，水生植物品种单一。如图 3-51 所示，挺水植物美人蕉过于单调，水面缺少浮水植物层次，整体的水生植物景观效果不佳。

图 3-51　滨水植物景观

4. 部分景点植物设计过于追求形式化

千灯湖公园有部分景点设计比较新颖，但在植物设计方面过于追求形式化，未考虑景观的可持续发展。

千灯湖三期于 2019 年 2 月正式向市民开放的，如图 3-52 所示，当时是一片“之”字形的花海，蔚为壮观，游人如织。但是广东地区长期日照充足，气温较高，当花海褪去，空留一片草坡，两旁也没有供游人休憩停留躲避烈日的地方，渐渐地，游客逐渐减少，无人问津了。如图 3-53 所示，是位于千灯湖一期的休憩广场，早晨有很多人在此处晨练，在广场的一侧也设计了供人休憩的座凳，无奈座凳位于一片骄阳之下，晨练的人宁可将背包水壶等放置于地上，也不愿意去烈日下休息。

图 3-52　千灯湖三期花海景观

图 3-53　千灯湖一期景观

（三）对同类型公园植物配置优化的建议

通过对千灯湖公园的休憩绿地、密林绿地、疏林草地、滨水绿地以及台地缓坡绿地五种功能绿地的植物配置和竖向空间的分析解读，再结合植物景观满意度调查量化研究数

据，提出有针对性的植物景观优化建议，能对同类型的城市公园植物配置提供参考，如表3-36～表3-38及图3-54所示。

表3-36 统筹优化方案

绿地类型	统筹优化方案
疏林绿地	1. 适当疏伐植物，保持植物景观的多样性； 2. 增加具有观赏性的植物种类； 3. 增加鸟嗜植物和蜜源植物种类，吸引大量鸟类驻足增强景观的活力，例如火棘、枇杷、杨梅、木槿、桂花等； 4. 种植具有趣味性的观花观果类植物，提高公众的参与性
密林绿地	1. 增加乡土树种，增加开花乔灌木或者色叶类灌木； 2. 增强植物养护管理，让绿地边界更明晰； 3. 根据场地特征形成特色植物组团景观区，增强游人对绿地的辨识度
休憩绿地	1. 休憩的地方要注意花粉四散、果实砸落的危害； 2. 适当增加休憩绿地沿主路一侧的灌木层，提高休憩绿地的私密性； 3. 乔木品种的优先选择遮阴效果好、观赏性佳的植物； 4. 增加花境的栽植，使休憩绿地更具观赏性
滨水绿地	1. 沿湖的植物景观要适当留出透景线，保证游人的观景视线畅通； 2. 沿湖景观绿带保证遮阴的功能，满足人们的防晒需求； 3. 丰富水生植物种类，从沉水植物、浮水植物和挺水植物三个层面来丰富； 4. 加强水生植物的养护管理，凸显公园的水域特质
台地缓坡绿地	1. 合理调整台地缓坡绿地的植物种植密度，适当进行疏伐和补种； 2. 坡地绿地注意植物层次设计，顺应地势特征而配置

表3-37 推荐水生植物类别及特征

水生植物类别	特征	主要功能作用	常见品种
沉水植物	植物全部沉没于水中，叶子多为带状、丝状	能在水中进行气体交换，改善水质	金鱼藻、狐尾藻等藻类
浮水植物	一种是植物体完全漂浮在水面上	丰富水面、净化水体	浮萍、凤眼莲、满江红、槐叶萍等
	一种是根系埋于水底，叶片漂浮在水面上		睡莲、菱等
挺水植物	大部分植物体根系埋于水底，杆茎挺立出水面	能通过植物体的叶和花造景，营造出有层次的水生植物景观	芦苇、荸荠、水芹、茭白、荷花、香蒲等

表 3-38　推荐应用的 15 种花境植物

中文名称	拉丁名	高度（M）	花色花期
百里香	*Thymus mongolicus*	0.3	紫红、粉红；5～9 月
美女樱	*Verbena hybrida Voss*	0.3～0.5	白、红、紫等；6～9 月
石竹	*Dianthus chinensis*	0.1～0.15	红色；6 月
耧斗菜	*Aquile gia viridiflora*	0.6～0.9	蓝、白、紫；5～7 月
飞燕草	*Consolida ajacis*	0.3～0.6	蓝色或紫蓝色；5～7 月
鼠尾草	*Salvia japonica Thunb.*	0.4～0.6	蓝、紫；6～9 月
小龙柏	*Sabina chinensis*	2.5～3.5	常绿
蓝羊茅	*Festuca glauca*	0.4～0.6	蓝色观叶；5 月
天竺葵	*Pelargonium hortorum*	0.3～0.6	红、白色 5～7 月
细叶针茅	*Stipa lessingiana*	0.3～0.6	黄色；5～9 月
蒲苇	*Cortaderia selloana*	2～3	银白色；5～9 月
穗花婆婆纳	*Veronica spicata L*	0.4～0.9	红、白色；5～9 月
龙船花	*Ixora chinensis*	0.5～1.0	红、白；3～12 月
鸢尾	*Iris tectorum*	0.2～0.4	蓝、紫色；4～5 月
佛甲草	*Sedum lineare*	0.2～0.25	黄色；4～5 月

图 3-54　花境种植意向图

（四）对同类型公园绿地植物配置推荐

千灯湖公园位于佛山市南海区城市中轴线，属于带状水系的滨水城市公园，以公园植物配置情况为依托，借鉴相关案例以及实践工作中的总结，推荐适用于城市公园中休憩绿地、密林绿地、疏林绿地、滨水绿地和台地缓坡绿地五种类型绿地的植物配置模式。推荐植物配置模式要从植物平面布局和植物竖向结构两方面来考虑。

植物根据自身属性特征在竖向结构可大致分为九个层次，分别为特大乔木层、大乔木层、乔木层、高灌木层、中灌木层、低灌木层、高地被层、低地被层和草坪层，如图 3-55 所示。将这 9 个细分层次根据高度可以概况为三个部分，分别是上层（4000 mm～10000 mm）、中层（1000 mm～4000 mm）以及下层（<1000 mm）部分，每一个部分则可以根据场地地势特征以及功能需求安排具体分层细节。

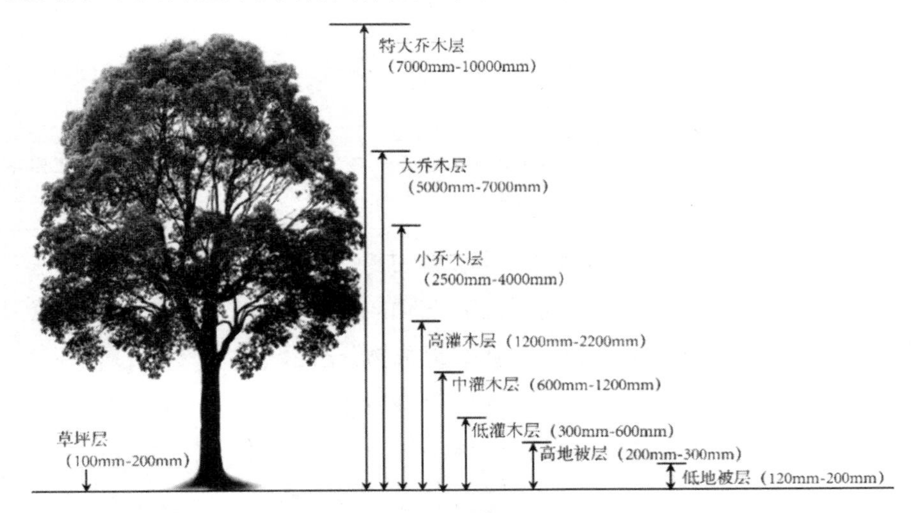

图 3-55　植物竖向结构分层图

1. 休憩绿地（上层植物—中层植物）

休憩绿地一般需要前景树群与背景树群的搭配，前景树一般树群结构为“中层植物—下层植物”，背景树群结构为“上层植物—中层植物”，便于营造较为私密的休憩空间，常常出现在公园的远离主要游览路线的较为封闭的景观空间中，如图 3-56 所示。休憩绿地植物分层示例，如表 3-39 所示。

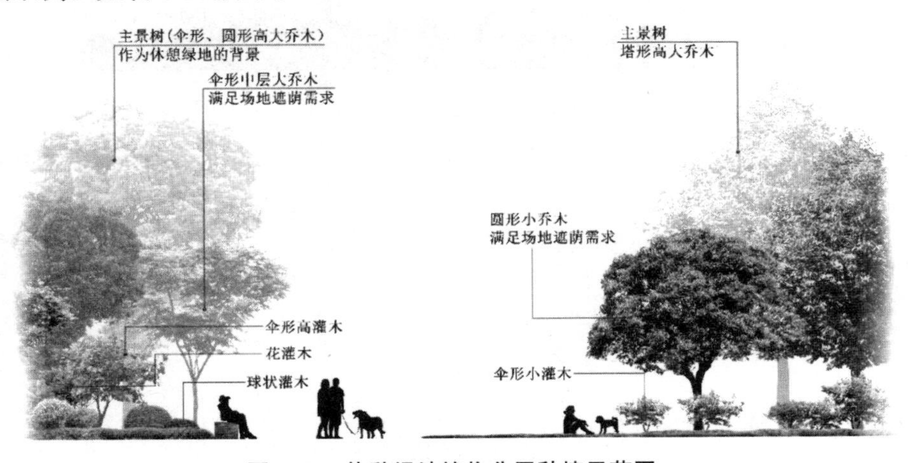

图 3-56　休憩绿地植物分层种植示范图

上层高大乔木（卵形、伞形）—中层小乔木（圆形、伞形）/大灌木（伞形、卵形）

表 3-39 休憩绿地植物分层示例

区域划分	竖向结构	生活型	植物品种
前景树群	中层植物	小乔木或灌木	紫薇、串钱柳、龙柏（塔形）、圆叶榕（塔形）、黄金榕
	下层植物	灌木	蜘蛛兰、胡椒木、蜘蛛兰、巴西鸢尾、鹅掌柴、合果芋、花叶假连翘、翠芦莉、龙船花
		地被、草坪	台湾草、沿阶草
背景树群	上层植物	常绿乔木	南洋杉、蒲桃、秋枫、尖叶杜英、香樟、麻棟、细叶榕
		落叶乔木	南洋楹、凤凰木、小叶榄仁、鸡冠刺桐、黄花风铃木、红花羊蹄甲、刺桐
	中层植物	小乔木或灌木	罗汉松、桂花、水石榕、锦绣杜鹃、九里香、红花檵木、龙血树、红绒球

2. 密林绿地（上层植物—中层植物—下层植物）

密林绿地类型主要以背景林的形式存在于公园的边界线区域，是植物层次较为丰富的一种绿地类型，如图 3-57、3-58 所示。休憩绿地植物分层示例，如表 3-40 所示。

图 3-57 密林植物绿地植物分层种植示范图（一）

上层高大乔木（塔形、卵形）—中层小乔木（圆形、伞形）/大灌木（伞形、卵形）—下层地被、草坪

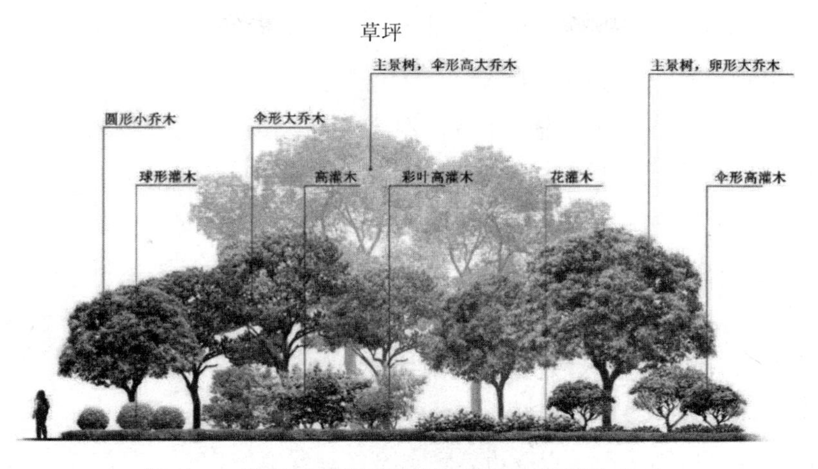

图 3-58　密林植物绿地植物分层种植示范图（二）

上层高大乔木（卵形、伞形）—中层小乔木（圆形、伞形）/大灌木（伞形、卵形）—下层地被、草坪

表 3-40　密林草地植物分层示例

竖向结构	生活型	植物品种
上层植物	常绿乔木	南洋杉、蒲桃、秋枫、尖叶杜英、香樟、麻楝、细叶榕
	落叶乔木	南洋楹、凤凰木、小叶榄仁、鸡冠刺桐、黄花风铃木、红花羊蹄甲、刺桐
中层植物	小乔木或灌木	串钱柳、紫薇、水石榕、阴香、鸡蛋花
	竹类	细叶棕竹、青皮竹
下层植物	灌木	龙血树、红绒球、蜘蛛兰、胡椒木、蜘蛛兰、巴西鸢尾、鹅掌柴、锦绣杜鹃、九里香、红花檵木、合果芋、花叶假连翘、翠芦莉、龙船花
	地被、草坪	台湾草、沿阶草

密林植物空间多采用“乔木—灌木”的植物配置形式，更能凸显植物空间的浓密幽深之感。在乔灌木搭配的绿化形式中，灌木层适合选择一些花灌木或者色叶类灌木，这样更能凸显植物群落空间的层次感；广场边缘比较适合使用修剪整理之后的灌木层空间，而坡面或者曲面的植物配置则比较适合自由形式的灌木层空间，如图 3-59 所示。

图 3-59　乔木—灌木实景图

图 A 是一片密林植物群落，上层是以非洲棟、垂叶榕为主体的乔木群，下层是锦绣杜鹃、胡椒木、蜘蛛兰混合种植的灌木丛。

图 B 是千灯湖公园的一处生态停车场，在停车场中使用修剪整齐的灌木层搭配人面子为主的乔木层，整体空间通透整洁，景观视线的通透能保证驾驶安全。

图 C 是位于千灯湖公园雷岗公园片区的滨水景观区，下层是以蜘蛛兰和朱蕉为主的灌木层，上层是单一的刺桐乔木层，开花时候满树红花，与下层的朱蕉相映成趣。

图 D 是位于广场边缘的植物群落，为配合广场边缘直线型设计，下层灌木层种植修剪的整齐的福建茶、假连翘以及红花檵木球。上层乔木层是以复羽叶栾树、黄葛榕、柳叶榕、鸡蛋花为主体的复合型乔木层。

从千灯湖公园的植物景观中提取出四种典型密林绿地植物搭配，仅供参考，如表 3-41 所示。

表 3-41　密林绿地植物配置示范

一	南洋楹＋红花羊蹄甲＋细叶榕＋非洲棟＋垂叶榕＋小叶榄仁＋蒲桃—巴西鸢尾＋胡椒木＋毛杜鹃
二	刺桐＋鸡蛋花—龙血树＋红绒球＋蜘蛛兰
三	细叶榄仁—巴西鸢尾＋鹅掌柴＋锦绣杜鹃
四	秋枫＋吊瓜树＋红花羊蹄甲—合果芋＋花叶假连翘＋鹅掌柴＋翠芦莉＋红花鳢木（球）＋龙船花

示范一适用于公园中部空间较大的组团绿地范围，上层乔木品种丰富，姿态各异，下层灌木选择耐荫和半耐荫的灌木作为配景，使乔木、灌木多种植物具备的生态效益达到最大化，从而形成较稳定的群落结构。适应于园路两旁、林荫活动广场空间等。

示范二适用于小面积的绿地范围，营造出的密林景观十分精致，上层乔木选择密植刺桐，其间点缀三五株丛植的鸡蛋花组团，下层选择“龙血树＋红绒球＋蜘蛛兰”的搭配形式，色彩丰富，并能与刺桐和鸡蛋花的花交相辉映，整个空间层次感十分强烈，也属于很好的密林景观。

示范三适用于入口景观处的密林景观，细叶榄仁能给人整齐、欣欣向荣之感，下层灌木修剪得当，种植范围与乔木边缘对应，显得十分干净爽利。

示范四适用于地势较低的密林景观，上层乔木比较简单，而下层灌木则相对繁复，品种多样，也可采用片植灌木中穿插灌木球的做法，使下层景观更加丰富多彩，适应于地势较低的绿地空间，绿地主景正好处于人最佳的观景视线范围。

3. 疏林绿地（上层植物—下层植物）

此种绿地类型常见于公园入口区域，既可以满足景观视线通透，又可快速集散人群，如图 3-60、3-61、3-62 所示。疏林绿地植物分层示例，如表 3-42 所示。

图 3-60　千灯湖公园疏林绿地

图 3-61　深圳湾公园疏林绿地

图 3-62　佛山新城公园疏林绿地

表 3-42　疏林绿地植物分层示例

竖向结构	生活型	植物品种
上层植物	棕榈科	银海枣、大王椰子、加拿列海枣
	常绿乔木	秋枫、尖叶杜英、香樟、麻楝
	落叶乔木	南洋楹、凤凰木、细叶榄仁、美丽异木棉
下层植物	地被、草坪	台湾草、沿阶草、鸢尾、地锦
	无	沙砾、碎石、木屑等

根据案例分析和千灯湖植物景观满意度评价数据可知，疏林绿地类型中，上层乔木必须满足树型美观、分支点高、枝条延展性好等特点，中层植物层取消，保证视线的通透，有时候为实现通行需求，下层植物也可取消。

疏林绿地一般采用“乔木—地被”的搭配形式，此种形式除了被应用于疏林绿地之外，在千灯湖公园的局部景点中也比较常见，如图 3-63 所示。

图 3-63 中，A、B、C 都是道路两旁的绿化空间，采用“乔木—地被”的搭配形式，比较新颖。乔木层与地被层之间的空间间距较大，景观视线较为开敞，这种植物搭配形式适合在景观环境良好的区域使用。图 D 是一处滨水台地景观，下层地被为台湾草，上层乔木为群植的红花羊蹄甲，红花羊蹄甲在地被植物台湾草衬托下显得更加突出，这种植物搭配形式更能体现台地景观的层次感。

图 3-63　乔木—地被千灯湖公园实景图

4. 滨水绿地（上层乔木—中层小乔木、高灌木—下层低灌木—水生植物）

滨水绿地的设计根据驳岸方式的不同会出现很大的差异。自然式驳岸滨水绿地植物设计应以自然式为主，水生植物品种丰富，能营造出层次鲜明的水域景观；自然式驳岸的水生植物的种植也能起到防护的作用，犹如一道绿色屏障；而整形式驳岸的绿地设计中，水生植物品种会较为简单、聚集，沿着湖岸需要留出更多的透景线，因此植物设计的重点更多地放在沿岸的林冠线上。在整形式驳岸的滨水绿地中，水陆交界处植物种植层次感更需要加强，以凸显四季变化，从而打破单一的水面空间。此类案例如图 3-64、3-65、3-66、3-67 所示。滨水绿地植物分层示例以及滨水陆地空间植物配置模式，分别如表 3-43、3-44 所示。

图 3-64　广州珠江公园

图 3-65　广州新中轴线花城广场公园

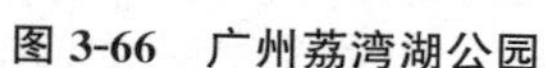

图 3-66　广州荔湾湖公园

图 3-67　佛山南国桃园

表 3-43　滨水绿地植物分层示例

竖向结构	生活型	植物品种
上层植物	常绿乔木	南洋杉、海南蒲桃、尖叶杜英、香樟、麻楝、水松、蒲桃、火焰树、水翁、榄仁
	落叶乔木	落羽杉、池杉、苹婆、黄花风铃木、垂柳
中层植物	小乔木、高灌木	串钱柳、水石榕、红花羊蹄甲、紫薇、花叶艳山姜、木芙蓉、红车、垂叶榕
	棕榈科	细叶棕竹、苏铁、散尾葵、红刺露兜树
下层植物	低灌木	千年木、变叶木、鳞秕泽米铁、翠芦莉、花叶假连翘、朱蕉、红花檵木、花叶假连翘、海桐、胡椒木、春羽、龟背竹、马缨丹
水生植物	沉水植物	苦草、眼子菜、黑藻、苦草、狐尾藻
	挺水植物	水生美人蕉、鸢尾、水葱、菖蒲、梭鱼草、再力花、风车草
	浮水植物	浮萍、槐叶苹、荷花、睡莲

表 3-44　滨水陆地空间植物配置模式

一	蒲桃＋串钱柳＋垂柳—紫薇＋花叶艳山姜＋龙船花—吉祥草
二	蒲桃—龟背竹＋花叶艳山姜＋千年木＋变叶木＋翠芦莉—台湾草
三	火焰树＋黄葛榕＋南洋杉＋串钱柳—木芙蓉＋蒲葵＋黄金榕＋朱蕉＋蜘蛛兰＋红车＋翠芦莉＋一叶兰
四	垂柳＋蒲桃＋水翁＋榄仁＋黄槐—台湾草
五	海枣＋垂柳＋蒲葵—红花檵木＋花叶假连翘＋翠芦莉＋花叶艳山姜＋箭杜鹃（球）＋黄金榕（球）—萼距花＋台湾草

示范一选择是岭南乡土树种为主的搭配，串钱柳与垂柳临水而植，体现杨柳依依、临水照花的意境。

示范二凸显岭南风情，可与山石搭配。

示范三适用于水岸桥头的植物配置，植物组团层次丰富、色彩分明，能形成很好的滨水绿化植物景观。

示范四是乔木搭配地被的方式，适用于水岸边观景绿地，能保证观景视线通透。

示范五是水中岛屿的植物配置模式，采用的乔灌草三层的植物配置模式。疏密有致，高低有序，能充分展现岛屿作为视线焦点的地位。

5. 台地缓坡绿地（上层植物—中层植物—下层植物）

台地缓坡绿地是植物与地形结合设计的一种绿地类型，是凸显植物景观层次的一种绿地形式，因为千灯湖公园独有的山湖地势特征，台地缓坡绿地形式也是公园中比较常见的一种绿地形式，如图 3-68 所示。

图 3-68　千灯湖公园台地缓坡绿地景观

台地缓坡绿地植物景观设计应顺应地势，呈现地势特征，力求回归自然山林之感，同时也能体现华南地区独有的地域风貌。台地缓坡植物分层示例，如表 3-45 所示。

表 3-45　台地缓坡植物分层示例

竖向结构	生活型	植物品种
上层植物	棕榈科	银海枣、大王椰子、加拿列海枣、狐尾椰子
	常绿乔木	南洋杉、海南蒲桃、尖叶杜英、香樟、麻楝、凤凰木、糖胶树、火焰树、水翁、榄仁、黄槿
	落叶乔木	落羽杉、池杉、苹婆、黄花风铃木、垂柳
中层植物	小乔木、高灌木	红木、水石榕、红花羊蹄甲、紫薇、花叶艳山姜、木芙蓉、红车、垂叶榕、黄金香柳
	棕榈科	蒲葵、三药槟榔、老人葵、散尾葵、红刺露兜树
下层植物	低灌木	千年木、变叶木、翠芦莉、花叶假连翘、朱蕉、红花檵木、花叶假连翘、海桐、胡椒木、福建茶、灰莉、龙船花、毛杜鹃、红绒球
	地被、草坪	马缨丹、吉祥草、银边草、短萼距

为了体现华南地区风貌，临近主要观赏游览路线的坡地以棕榈科大乔木作为主景树，树下穿插中层和低层棕榈科小乔木和灌木；以伞形、圆形高大乔木作为台地缓坡的背景树群，形成绿色幕布背景，增加绿地覆盖绿量，如图 3-69、3-70 所示。

图 3-69　缓坡景观植物分层种植示范图

上层棕榈科高大乔木或卵形、伞形高大乔木—中层棕榈科小乔木/高灌木穿插其间

（搭配伞形、卵形高灌木）—下层球状灌木、低矮花灌木、地被、草坪

图 3-70　台地景观植物分层种植示范图

上层高大乔木（卵形、伞形）—中层小乔木（圆形、伞形）/高灌木

（伞形、卵形）—下层低灌木（球状、丛植）

综上所述，千灯湖公园的植物配置有很多值得学习借鉴的地方，但随着时间流逝，也慢慢地暴露出了一些不足，通过总结千灯湖公园的植物配置特色以及不足之处，并过对公园休憩绿地、密林绿地、疏林绿地、滨水绿地和台地缓坡绿地五种类型的绿地植物配置情况分析，借鉴相关的城市公共绿地景观优秀案例，提出植物空间设计的分层次种植的原则，同时提炼总结出适合城市中轴线滨水公园的不同功能空间的植物配置模式，以期为同类型城市公园绿地建设提供参考。

第三节　园林植物生态效益分析

一、园林植物的主要生态功能

植被对于大气环境中 $PM_{2.5}$ 具有抑制作用，且最为突出的特征是通过改变太阳辐射量来减轻城市中的热效应①。此外，绿色植物还能释放氧气、芳香保健气体，吸收或固定有害气体，同时还具有滞尘、杀菌和降低噪音等功效。

（一）光合生态效应

植物的光合作用与释氧固碳和降温增湿效应密切相关。单位面积的释氧固碳是植物光合作用强弱的量化指标。植物在蒸腾过程中消耗大量的热量，即可显著降低温度，同时产生大量的水蒸气，与植物周围的空气进行着水汽的扩散和交换，从而增加空气湿度。

不同季节植物的降温增湿效应和释氧固碳效应差异较大。廖容等人通过对成都市犯种绿化植物的降温增湿效应研究表明，植物的蒸腾和降温效应表现为夏季较高、春秋两季居中、冬季较低，增湿效应则表现为秋季较高、夏季居中、春秋两季较低②；于雅鑫等人通过对长沙市 12 种木兰科乔木的释氧固碳和降温增湿能力的研究表明，单位面积的落叶乔木与常绿乔木的释氧固碳量相差 1.14 倍，降温增湿量相差 1.35 倍，即落叶树种的降温增湿和释氧固碳能力均优于常绿树种③。

1. 降温增湿效应

植物通过蒸腾作用向空气中释放水分，增加空气湿度，同时通过改变太阳辐射来减轻城市中的热效应。当街道绿化覆盖率达到 39 %时，其温度相对于无植被覆盖的区域降低了 4.8 ℃。在夏季的高温时段，绿地的温度随着绿化覆盖率的增加而降低④。

植物降温增湿效应随着季节的变化呈现出一定的规律性，在夏季的城市绿地，有植被覆盖的地面相对于无绿化的地面，有明显的降温增湿作用，尤其在一天中温度最高、空气湿度最小的中午，作用更为明显；且落叶乔木的降温增湿能力比常绿乔木好。在非暑热环境下，树冠面积每增加 10 %，空气温度降低 0.2 ℃，在乔草的植物配置模式中，距植物配置中心越远，其降温增湿效应越弱。

---

① 赵晨曦，王玉杰，王云琦，等．细颗粒物 PM2.5 与植被关系的研究综述［J］．生态学杂志，2013，32（8）：2203-2210.

② 廖容，崔洁，卓春丽，等．成都市犯种立体绿化植物降温增湿效应比较研究［J］．江苏农业科学，2012，40（6）：178-182.

③ 于雅鑫，胡希军，金晓玲．12 种木兰科乔木固碳释氧和降温增湿能力研究［J］．广东农业科学，2013，40（6）：47-50，60.

④ 刘娇妹，李树华，杨志峰．北京公园绿地夏季温湿效应［J］．生态学杂志，2008，27（11）：1972-1978.

此外，单株植物具有纸质叶片结构、树冠结构复杂、郁闭度高、叶面积指数大、植株高等特征时，对微环境的降温增湿作用最为明显。

2. 释氧固碳效应

微生物、动物以及植物在呼吸过程中不断吸收 O_2 释放 CO_2，工厂中各种燃料的燃烧过程也大量消耗 O_2 排放 CO_2。然而，广泛分布在地球上的绿色植物，不断地进行着光合作用，吸收 CO_2 排放 O_2，维持大气中 O_2 和 CO_2 含量的稳定。城市绿地的固碳能力与植被生物学特性、类型、长势、环境条件、树木年龄及成熟度有关，且不同时间植物的固碳释氧能力也不同。

不同园林植物的固碳释氧效应也不同。国槐、元宝枫和法桐的固碳量分别为 5.153、2.244 和 5.591 $g \cdot m^{-2} \cdot d^{-1}$，释氧量依次为 3.75、1.63 和 4.07 $g \cdot m^{-2} \cdot d^{-1}$①。代色平等人对广州市细叶榕、木棉、尖叶杜英、高山榕、秋枫、红花羊蹄甲、黄槐和大叶榕 8 种园林植物为研究对象，其研究结果显示，红花羊蹄甲的单位面积固碳量最大，为（9.45±1.62）$g \cdot m^{-2} \cdot d^{-1}$，综合分析表明，其单位绿化面积生态效应为尖叶杜英＞红花羊蹄甲＞细叶榕＞高山榕＞大叶榕＞木棉＞黄槐＞秋枫②。

（二）抑菌效应

树木净化空气质量是一个复杂、难以估量的过程。城市园林植物一方面通过滞尘作用减少附着于尘埃而悬浮于大气中的细菌数量；另一方面通过一些林木分泌的挥发性杀菌物质（如丁香酚、松脂和肉桂油等）杀灭大量细菌。植物种类不同，其抑菌效应也不同，同一种植物对不同的细菌的抑制能力也不同，如玫瑰和锦带花对金黄色葡萄球菌的抑菌率分别为 90.1 %和 81.5 %，而对表皮葡萄球菌的抑菌率分别为 54.7 %和 53.7 %③。

不同植物群落和不同群落类型的抑菌效果存在显著差异。才满等人对供试的灌木、落叶与常绿乔木抑菌能力的日变化研究发现，一般情况下，常绿乔木变化大于落叶乔木和灌木，且植物抑菌能力随天气的变化而变化，晴天＞阴天＞雨天＞雪天。同一植物在不同月份表现出不同的抑菌效果，如君子兰、广东万年青、凤梨、绿巨人在 7 月的抑菌效果比 4、10 月的抑菌效果好，且差异显著。植物抑菌作用在园林绿化配置中的应用研究将成为新的研究领域。

（三）降噪效应

近些年来，噪音污染已成为重要的环境问题之一。植物对声波的减弱是树叶、树枝、

① 焦绪娟，赵文飞，张衡亮，等．几种绿化树种降低城市热岛效应的研究［J］．江西农业大学学报，2007，29（1）：89-93.

② 代色平，熊咊梅．广州市 8 种常用园林植物生态特性比较［J］．福建林业科技，2013，40（1）：59-62.

③ 于志会，杨波．吉林市常见园林植物对人类致病菌的抑制作用［J］．江苏农业科学，2012，40（5）：149-150.

树干、土壤及地被植物、大气条件等综合作用的结果，当声波穿过植物被传播时，高频声能的衰减主要是由树叶和树干的吸收作用引起的，其中树叶占主导地位，当叶片较少时，主要通过茎的散射作用而衰减；中频声能的衰减是由树枝和地面的声散射作用共同引起的。植物在减少城市噪音方面发挥着重要的作用，其中，松树控制噪音的效果最为显著。

植物的降噪效应不仅与距声源地的距离有关，还与林带的植被配置方式有密切关系，如 50 m 林带距离内，三环路林带的减噪效果明显好于四环路和五环路，特别是在 10 m 的距离处，减噪能力分别是其 2.67 倍和 3.79 倍①。此外，植物的降噪效应与植物群落的类型有关，不同类型的植物群落的减噪效应有较大的差异性，如桧柏、光核桃和美国黑核桃三种植物中，桧柏的减噪效应最好，而美国黑核桃的降噪效应相对较弱。

（四）滞尘效应

灰尘是空气中常见的污染物之一。植物是天然的净化器，通过去除空气污染物来改善当地的空气质量。植物可有效吸附空气中的浮尘、雾滴等悬浮物及吸附着的污染物，还能吸收和同化灰霾空气中 $PM_{2.5}$ 等细颗粒物。不同树种的滞尘能力有所差异，如不同针叶树种滞尘能力排序依次为：沙松冷杉＞沙地云杉＞红皮云杉＞东北红豆杉＞白皮松＞华山松＞油松。

植物的叶表面特征、形状、方位、质地、叶柄长度、有/没有纤毛、树冠的高低、总叶面积和叶片着生角度等的差异，使植物叶片的滞尘能力也有所差异。此外，植物叶表面蜡质含量和气孔密度也是影响植物叶片滞尘能力的主要因素。

植物叶片易润湿、叶表面自由能的色散分量越大，滞尘能力越强；叶片接触角越大，滞尘能力越弱。同时，叶片表皮具有沟状组织、密集纤毛的树种滞尘能力强；而叶表皮具有瘤状或统状突起的树种滞尘能力差。此外，低叶位的滞尘显著高于中叶位和高叶位处，且在开敞空间较封闭空间滞尘量大。

（五）降雨截流效应

植物不仅可以通过叶子去除空气中的污染物，还可利用根系吸收功能和树冠截留能力减少雨水径流，且其降雨截留能力会随着树冠覆盖率的增大而增强。树木的降雨截留是指由于植物冠层的枝叶以及地表枯落物的拦截导致部分降雨无法参与径流形成或地面以下各种水分的运动过程，而以蒸发形式回归大气的作用。

植物枝叶形态特征和生物量直接影响着树冠截留效应，而叶子未角质化、柔软、随小枝紧密排列、叶面粗糙、有表皮毛、叶子含水量低及枝表面中等粗糙、不分泌脂类物质能增强植被的截留效应。植物的降雨截留能力还与树冠的形状、枝叶疏密程度、植物的配置

---

① 李少宁，王燕，商建东，等．北京市城市森林生态服务功能研究［J］．灌溉排水学报，2011，30（4）：122-127.

模式等有关。随着植物群落物种多样性的增加，树冠的降雨截留效应也不断增强。此外，草坪草群体冠层叶片的吸收量与修剪高度有关系，修剪留茬高度越高，截留量越大。30×30 m样地的青海云杉样地的平均截留率为37.19 %，林冠未饱和前平均截留率为83.5 %，达到饱和后平均截留率为57.7 %。①

（六）综合生态效应

定量评估园林植物的综合生态功能，有助于优化植物群落结构，改善城市环境质量，促进城市生态建设。园林植物评价指标体系的建立是评价城市园林植物生态功能的前提和基础。目前常见的综合评价体系有灰度关联度分析法、综合指标加权平均法、层次分析法、隶数函数法等，采用的综合评价指标体系存在较大的差异。

利用植物生态适应性和生态功能性的各项指标，不但可以定量评价城市生态园林中植物的综合生态效应，还可以为城市园林植物的选择提供重要依据。例如，于宁运用灰色关联度对植物的释氧固碳、降温增湿、单位面积滞尘量、减噪能力等指标进行综合评价分级，将18种植物的综合生态效应划分为三类②。夏磊采用离差平方和聚类分析对植物的固碳量、释氧量、降温率和增湿量等指标进行评价分级，将14种植物的综合生态效应分为三类③。周杰良利用层次分析法对植物的释氧固碳、降温增湿、滞尘、抑菌、吸收有害气体等指标进行综合评价，结果表明6种植物的综合生态效应由高到低依次为黄金葛>小天使>虎尾兰>吊兰>小叶榕>燕子掌。④

二、园林植物生态效益评价和配置优化

园林植物具有释氧固碳、降温增湿、降雨截留、滞尘、减噪等生态效益。不同园林植物的生态效益不同，且同一植物的不同生态指标也具有差异性。在此通过对植物的9个不同生态效益指标进行综合评价，筛选出综合生态效益较好的植物，结合植物配置对微环境温湿度的影响作用和植物的光合生理参数，对植物配置进行优化。

（一）植物配置优化

供试的乔木中，日本晚樱的综合生态效益最好，桂花的综合生态效益居于日本晚樱之下。在进行植物配置的选择时，日本晚樱作为落叶阔叶树种，在秋季和冬季只有光秃秃的枝干，观赏价值较低，应与其他常绿树种搭配进行合理配置，不适合作为乔草和乔硬质的选择树种。虽然香樟的生长速度比较快、成活率较高，适合大面积种植，但其综合生态效益在供试的乔木中最弱，在进行园林树种的选择时，应减少香樟的使用频率，用生态效益

① 柳逸月．黑河上游典型小流域植被降雨截留特征研究［D］．兰州：兰州大学，2013.
② 于宁．青岛市居住区主要灌木树种生态效益综合评价［D］．青岛：青岛农业大学，2011.
③ 夏磊．重庆市常见植物光合生理生态特性与生态效应研究［D］．重庆：西南大学，2011.
④ 周杰良．7种室内盆栽观叶植物生态功能的比较研究［D］．长沙：中南林业科技大学，2009.

相对较好的广玉兰和桂花替代。

供试的灌木中，除山茶外，红花檵木、金边黄杨和红叶石楠的生态效益相对较好。在灌木群中，可加大红花檵木、金边黄杨和红叶石楠的使用频率，尤其是红花檵木的使用频率。山茶虽然生态效益相对较弱，但其花型漂亮，深受人们的喜爱，可与其他植物进行合理配置。灌木在进行植物配置时，多位于乔木之下，其光合生理参数如表 3-46 所示。在进行植物配置时，可依据植物的生长习性，选择弱光适应能力强的植物，即弱光利用率高的植物，使植物配置结构实现充分优化。

表 3-46　不同灌木的光合生理参数

树种	LSP（μmol・m^{-2}・s^{-1}）	LCP（μmol・m^{-2}・s^{-1}）	AQE
金边黄杨	1688	60	0.024
红花檵木	852	56	0.035
红叶石楠	356	20	0.039
山茶	548	68	0.033

基于生态效益的推荐植物搭配模式：乔草和乔硬质可选取广玉兰或桂花；桂花的综合生态效益优于广玉兰，但广玉兰是大乔木，生长周期较快。群乔的植物配置中可选择日本晚樱或桂花。乔灌草“三重绿化”时，第一层是地被植物；第二层可选取弱光利用效率高、综合生态效益好的灌木红叶石楠，第三层为桂花或广玉兰。“四重绿化”时，第一层为地被植物，第二层为红花檵木，第三层为红叶石楠，第四层为桂花或广玉兰。红花檵木的生态效益最好，其光饱和点为 852 μmol・m^{-2}・s^{-1}，可种植于乔木冠幅边缘，充分利用有效辐射光。“五重绿化”时，第一层为地被植物，第二层为红花檵木，第三层为红叶石楠，第四层为桂花，第五层为广玉兰；在进行第四层和第五层植物的种植时，可依据树冠的形态特征，使第四层的植物可获得更充足的阳光，从而使次配置发挥更好的生态效益。

综上所述，园林植物作为城市生态园林的重要组成部分。在城市的人工环境中，除增加中心城区及附近区域的绿化覆盖率外，还须通过优化植物配置结构，进一步提高绿化的质量，提高城市园林植物的综合生态效益。

在挑选和配置植物时，常用的方法是从大到小。一个优美的植物布局包含多个因素，要了解每个植物的特点，并考虑这些特点之间的相互影响，在配置植物时，还要留有足够的空间。[①] 根据空间的大小选出合适的背景植物。在规划植物种植地点时，不但要想象出按比例放大栽出的一块块植丛时的样子，还要预见到它们 5 年后长成的样子。通过研究发现，乔灌草和群乔对微环境的降温增湿效应最好。乔灌草作为立体的复层植物配置模式，

---

① 克里斯托弗・布里克尔，杨耿生，李振宇．世界园林植物与花卉百科全书［M］．郑州：河南科学技术出版社，2011：22-26.

可以进行多重绿化，相对于群乔来说，通过多重植被的丰富配置，更能从感官上感受到四季的交替。基于生态效益推荐的植物配置类型为乔灌草。在进行乔灌草配置时，因植物的高低错落，低矮植物所需求的光可能会被高大的乔木遮挡，从而对低矮植物的生长产生抑制作用，如何避免这种问题的发生呢？在进行植物配置中，应充分考虑植物的生长生理特性，尤其植物对光照的需求，依照植物的光合生理特性，适地适树。在进行乔灌草的植物选择中，金边黄杨对弱光利用效率和综合生态效益优于红叶石楠，但其金边黄杨的光饱和点比较高，不适宜种植于乔木之下，可用于栽植于绿篱和道路的隔离带等阳光充足的地方。

在此通过对不同植物的综合生态效益评价体系，利用测定的光合生理参数、单位面积滞尘量等生态指标进行评价分析，为植物配置结构的优化提供参考和借鉴。

（二）试验结论

不同植物的生态效益综合评价由强到弱为：红花檵木＞金边黄杨＞红叶石楠＞日本晚樱＞桂花＞广玉兰＞香樟＞山茶。其中不同乔木生态效益综合评价由强到弱为：日本晚樱＞桂花＞广玉兰＞香樟；不同灌木的生态效益综合评价由强到弱为：红花檵木＞金边黄杨＞红叶石楠＞山茶。

基于生态效益的推荐植物配置模式：乔灌草“三重绿化”时，第一层为地被植物，第二层为红叶石楠，第三层为桂花或广玉兰；“四重绿化”时，第一层为地被植物，第二层为红花檵木，第三层为红叶石楠，第四层为桂花或广玉兰；“五重绿化”时，第一层为地被植物，第二层为红花檵木，第三层为红叶石楠，第四层为桂花，第五层为广玉兰。

第四章 园林植物景观生态设计研究

近年来，城市在带动经济发展的同时也产生了诸多环境问题，如何改善生活环境，构建生态城市，成为热议话题。城市河滨生态环境是城市生态环境中重要的一环，在一定程度上决定着城市生态环境发展的质量；而城市道路作为城市中最为重要的公共活动场所，在改善城市环境、传承城市文化以及塑造城市形象等方面都发挥着重要作用。在本章，则结合景观生态设计原则和方法，对城市河滨与城市道路景观进行生态设计分析。

第一节 城市河滨景观生态设计分析

一、城市河滨景观生态设计原则及方法

（一）城市河滨景观生态设计原则

1. 生态性原则

生态性原则是指人与自然环境之间的整体和谐，其和谐不仅在于反对破坏自然环境，更在于反对对立，提倡合作共赢、景观生态设计要把两个看似无关的学科，以及人性与自然融合在一起，从而消除工业文明对人们精神的影响，缩短人与人之间的距离，这种促进可以给人们带来极大的幸福感。

当前，由于政策方面不够完善，大多城市河滨的管理没有统一部署和调配，多部门、各专业人员负责管理导致城市的河滨区环境很难得到科学的统筹规划。再者，在商业利益的驱使下，建筑和市政道路被规划到临近河滨，从而缩小了河滨生态廊道，制约了河滨生态和自然环境的生存发展。比如，为了节约成本，市政建设部门建设道路通常采用防渗水材质路面，甚至将行道树树池进行掩盖，雨水几乎不在道路上渗透，城区所有的排水压力几乎都集中于河流；水利管理部门为了减轻洪涝压力，加高堤坝，毫无美观可言，更别说生态；园林管理部门仅仅在既定范围内，以治标不治本的方式进行小范围改造。总结上述现状，都对城市河滨景观生态建设不利，导致城市河滨景观的生态性缺失，无法形成真正的宜居环境，阻碍了城市的可持续发展。

人与自然的和谐发展是河滨城市景观生态设计追求的最终目的，城市河滨景观生态设计要创造出自然活力、和谐、绿色健康、自然生态发展的空间，以保证河滨区进行必要的

生态修复，有效防止对滨河水环境的破坏，城市河滨要维护生物多样性，在河滨景观生态设计之前，首先要对现状场地的自然环境进行完备的分析和实地论证，尽量保留原有的河滨形态、保护乡土物种，合理开发恢复河滨生态湿地。

城市河滨景观的建设必须保证景观生态格局，使其连续且完整。一个完整的河滨绿色走廊的保留或建设，可以保证生物生存空间、生物迁徙、生态走廊等功能的完整，河滨驳岸宽度应与径流的大小变化相适应，在土地面积充足的情况下建设必要的绿化带在两侧，以确保河岸生物通道完全连续性。同时，利用连续的河滨生态使绿色走廊与周边城市共同构成一个完整的生态群落。河滨绿色廊道的完整性、网络化、连续性对生物栖息、繁衍、迁移有着至关重要的作用，对保持水温条件和较好的水质环境具有一定的积极意义，也有利于鱼类、贝类及其他水生生物的生存和繁衍。

2. 亲水性、趣味性原则

由于我国早期的河滨治理主要考虑排水、治污两个基础功能，导致很多河流渠化严重。河滨区域缺乏居民日常休闲娱乐、休憩的场所，许多河滨亲水设施非常不完善，一切景观设计归根结底是服务于人，少了人的参与性的景观是无意义的。同时，人类有亲近水的天性，渠化的河流远远不能满足于人们对亲近自然、亲近水体的需求。没有亲水性、趣味性的河滨景观不仅无法满足人们对城市水体的休闲需求，也阻碍了一个城市公共事业的发展。城市河滨区作为城市中具有自然生态和景观双重功能、自然条件相对较好的区域，是居民日常休闲娱乐、休憩的场所，是居民日常生活的一部分。人类有亲水的需求，一个完备的城市河滨生态设计方案一定要有良好的亲水性设施，注重人与水的互动，提高居民的参与度，提供享受亲水乐趣的设施。设计多种形式的休闲方式供使用者选择，如慢跑骑行、健身休闲、互动游玩、集会等，从而完善河滨在功能方面的品质，使人们的亲水性得到最大限度的满足，增加归属感，这也是城市河滨景观生态设计的最终目的。

3. 地域性原则

地域性特征是城市景观设计的出发点，若没有了地域精神，就失去了城市的感召力和亲和力，因此独特的城市地位与生态环境是城市河滨景观生态设计的一项重要依据。河滨景观生态设计应尊重场地特征，延续城市的历史文脉，表达城市的特征，赋予城市河滨景观以历史和地方文化内涵。在不可抗拒的自然界规律作用下，地壳不断地运动与漂移，经过漫长的岁月形成了当今的自然地理格局，不同的地域出现了不同的自然特征。由于不同的气候特征，为了适应当地的地质、气候等自然条件，各地的植被类型同样也出现了富有本地特色的一些基本特征。河滨生态设计中需要遵循植物的地域性原则，而乡土植物为营造属于地域本身的景观创造了条件。城市的诞生、发展与河流关系密切，人一方面不断地适应环境；另一方面也在不断地按自己的文化理念塑造身边的环境，使各个时期的历史遗迹、人文符号、民俗风情、社会特征等都可能会被有意或无意地保存至今，这也就形成了地域的人文特征，这些印记直接反映了长期以来人们与环境相互作用的过程，是一笔宝贵财富。因此，尊重地域文脉，延续地域文脉，是城市河滨景观设计的一个重要特征。

（二）城市河滨景观生态设计方法

新时代下城市化迅猛发展，人与自然环境发展的矛盾逐渐凸显，“建设资源节约型、环境友好型社会”是中央部署的国民经济与社会发展中长期规划的一项战略任务。在城市河滨景观中，自然景观所占比例较多，运用可持续发展的生态理念，创建出亲切宜人的城市河滨景观，有利于促进人与自然和谐共生。

在城市河滨景观生态设计中，主要解决河道、河床、绿化、道路、广场等生态性设计问题，在此以问题为导向，通过以上对城市河滨景观设计原则的研究，总结出以下设计方法。

1. 恢复自然河流形态

河流的形态是由周边地理环境决定的，在设计中应该遵循原始地形地貌，根据周边地貌特征，形成丰富多样的河岸线。可以在观赏性强或自然条件恶劣的情况下对河流宽度进行适当的改造，在防洪抗旱的同时增强生态的景观性，同时构建人们能够参与的水上活动设施，增加河滨的景观性和娱乐性。为保障河流的整洁和通畅，河岸线应尽量减少角度较大的弯道、瓶颈和死水区，使河流自然弯曲流畅，给人舒适自然的视觉体验，如图 4-1 所示。

图 4-1　恢复河流自然形态

河流的横断面改造涉及护岸坡度、亲水平台以及人行道路。为满足防洪排洪的安全要求，在设计中要考虑护岸的坡度、亲水平台的高度、人工道路与洪水线的距离。在满足这些功能的同时，要考虑河岸的生态性，减缓雨水的冲刷、洪水上升的速度以及植物复层结构等问题在设计中就显得尤为重要。

最大限度地恢复河流原本的自然形态，以生态修复为改造理念，提升河滨的生态功能，对水生物种的繁衍生息具有重要意义。对滨水区较为开阔的区域，尽可能多地建造人工湿地，适当调整和恢复自然岸线的形态，在条件允许的情况下，最大限度地保持岸线的自由浮动，创造一个自然和谐和有趣的河滨景观空间环境。

2. 运用生态化方法加固河床

在河滨景观设计中，加固河床、防止水土流失至关重要，在设计时摒弃传统的硬质渠化的加固手法，运用生态化的改造思路，既能满足功能性需求，又能避免影响河流的生态发展。在保证河流主体宽度的前提下，适当修建浅水区域，使河岸的河水保持透气的状态。改造时为了避免景观过于生硬，可以将阶梯生态驳岸与陡坡缓降相结合；必要时，可以参考石笼钢丝护岸的手法，如图 4-2 所示。这样，可以更好地发挥生态功能，且原有的河堤旧石料也可以再利用。

图 4-2　石笼钢丝护岸

生态护坡是一种通过植物种植的护岸方式，也是最原始最直接的处理方法，它主要通过生物生理作用来维持水陆生态平衡，也可以防止水土流失并加固堤岸，通过水文效应控制河水径流，同时，植物种植的护岸方式可创造宜人的生态环境，如图 4-3 所示。

图 4-3　生态护坡

植物种植的护岸方式主要分为以下几种：其一，草坡型护岸是常见的边坡绿化方式，其种植或铺设方便，覆盖率高，通过根茎可减缓地表径流、减小水流对河岸的冲刷和侵蚀，面积较大的草坪还可涵养水分，有着调节小气候改善环境的作用，在改善生态环境和防止水土流失方面有着重要的意义；其二，乔木型护岸方式是通过选择强耐水湿的乔木在坡岸进行种植，其最大的优点是可通过种植乔木达到竖向绿化和防止水土流失的双重效果，一般适用于耐水湿植物丰富且土地资源丰富的地区；其三，复合型护岸是采取地被、灌木、乔木多种类型的植物通过有层次的种植方式，从而达到涵养水源、丰富生态资源、保持水土的功能。

生态绿岛可以利用生态修复的手段，恢复绿色生态系统；保护原有自然植被，对场地植被进行整体恢复；构建雨水过滤、净化系统，将吸收后的雨水集中于此；在河流两侧规划浅滩，构建表流型生态湿地，从而有效恢复生态群落，构筑有植被覆盖的台地，可以净化初期雨水。

3. 以生态修复为理念的种植设计

种植设计是河滨景观生态设计的重要一环，以生态修复为设计理念的种植设计可以通过非人工介入的方式恢复和平衡河滨生态，因此在设计中应以生态修复的理念为核心，结合不同的造景手法，在注重观赏性与科学性的同时，结合生态科学技术，阐述优良的河流生态特性。植物的多样性可以创造植物生态群落的多样性，在适地适树的原则上，充分展示植物的特色景观。在植物造景的同时，考虑与人居环境的和谐性，打造一个具有自然风光的河滨景观空间。

在河滨景观生态设计中，可以放弃运用传统的大草坪式的种植模式，以减少投入和后期维护。植物配置选择当地现有的野生观赏类花卉、树木、草种进行补植。对场地中现有的、长势较好的现状乔木、孤植树、丛植树进行保留，并通过增加种植密度，注重品种鉴定。同时，可以适当种植果树品种，建造大众喜爱的生产式城市绿色空间；减少修建式的树篱，种植乡土野生花卉品种，增加生物多样性，从而促进自然生态的恢复。

在面积相同的情况下，分析对比不同形态、长度的河滨水体，适当增加河流岸线长度，以提高边缘效应，丰富生物的种群结构。通过对比可知，湿地植物可以提供高品质的边缘效应，对河滨的隔离效果和生态化具有积极意义，能为净化水体创造有利条件，也利于水生鸟类和其他水生生物的生存和繁衍，实现层次丰富的景观生态效应。

水生植物对河岸的生态修复和自然景观的提升有着重要的作用，种植水生植物的区域一般为浅滩和滩涂，可满足生态、水环境、景观三者的需求，同时植物具有净化功能，因此人工湿地中植被的种植显得尤为重要。水生植物包括沉水植物、浮水植物及挺水植物，根据距离水岸的距离，合理安排三类水生植物并注重功能性与观赏性的结合。功能上需要植物有较强的自我生长能力及较高的修复性和适应性，同时能够净化水体并防止水土流失，观赏性上需要对不同种类、颜色之间的植物进行搭配并组合，以产生丰富的景观效果。

河滨景观有较多的游憩设施，设计中采用的植物多用湿生花卉为主，地被花卉的背景可用耐水湿灌木做搭配形成低矮的背景林；林带外侧靠近人行道路的绿地种植柳树、国槐、刺槐等乔木，形成可透景的人行道绿带。滨水植物首先利用深根性的陆生灌木进行护坡，再利用植物的观赏性进行分层次的种植，通过植物对土壤的改善，进而稳定河岸土壤防止水土流失。种植形式上多用自然式种植方式，在保留场地原有植被的基础上因地制宜，多利用乡土树种打造亲近自然植物景观。滨水植物在搭配的同时还要考虑与河岸防护化及生态修复相结合的原则，使河滨景观兼顾美观、水土保持及调节生态平衡等作用。

4. 道路及广场设计为生态格局完整性服务

在河滨景观生态设计中，一切设计都要考虑生态性和功能性，道路及空间节点的设计既要满足人们的实用需求，也要符合生态化的需要。这就要求设计者在设施的选择、施工工艺、颜色配置等方面多做揣摩。同时，材料的选用、表面空隙度、整体造型流线、场地年降雨量等因素也是生态景观空间设计的重要部分。因此，要以生态性为设计原则，选择材料时应注意环保、防腐、防侵蚀，最好是选择造价低、能循环利用的材料，从而确保生态格局的完整。

为了使河滨与城市产生紧密的联系，道路设计为人与景观提供了互动交流的场所。道路设计首先要增加河流与城市的资源联系，其次交通可达性要强，绿地景观内部也要具有交通性强和特色鲜明、环境优美等特点。理想的道路设计是根据道路等级分配从城市到滨水景观的过渡，从而逐渐提高观赏性，减少公共区域硬质景观的现代化工业气息。为了创造充满活力和人性化的河滨景观，在设计中应形成一个空间丰富、环境优美、安全合理的步行交通体系。河滨景观的道路系统是为了满足舒适的游憩观赏行为需求，因此需要保证其与主道路、广场、散步道、林荫道、水上栈道等各个道路之间的连续性，让人们对景观的游览有多样化的选择，必要时可采用立体化交通，以解决通达需求，也可以妥善地保护湿地植物，这样不仅增加了河滨景观的多样性，还为不可达的绿地创造了亲近感受的可能性，如图 4-4 所示。

图 4-4　立体化的河滨交通设计

功能区是一个项目的基本单元，我们应改变往常产业化的做法，例如，改变不是将草坪作为区域内部绿化空间的方式，而是将该绿地设计成一个景观性强且可再生的生态系统。将不可渗透表面最小化；将功能区内的广场的生态服务性最大化；将乡土植物代替其它高成本维护的植物，使得每个功能区都成为一个小花园。大型的功能区则形成了一个整体功能空间，整体空间的设计又连接城市和河流成为一个绿色的开放空间。因此，设计中需要考虑减轻洪水和水污染，同时需满足城市生态和休闲需求，此外这一空间系统还承担着维持场地生物多样性和生态系统平衡的职责，在保护性开发的同时，也能增加区域利益并可有效减少维护成本，最终将达到保留、修复自然的目的，恢复城市空间活力的潜质。

人们对于河滨景观有着天然的亲近感，除了人们与生俱来的亲水性，更多的是因为其是一个能提供不同活动的活动场所，包括观赏、游憩、团体活动、体育竞技等活动场所。而不同的活动空间对场地要求也不同，因此根据场地现状和功能需求对场地及其空间结构进行不同的设计是丰富活动空间的必要手段。河滨景观功能区的最大特点是满足人们对活动本身的兴趣和自发参与性，当人们从简单的散步、观赏到游憩再到亲水、交流、活动，这一演变过程也是空间的不同功能设计对游客的行为起到引导作用，层层递进的活动场地延伸改变了游人的行为模式。人们对半封闭、隐匿的绿色空间通常是驻足停留观赏的，因此这类绿色空间设计有可供游人驻足停留的休憩场所，在开阔的空间可设计供人们娱乐活动的场所。功能区对游人行为进行了引导和支持，并且在无形中倡导大众关注自然生态。在城市河滨，丰富的水上空间和活动场所可以最大程度地调动大众的参与性，因此河滨景观可重点发挥水上优势，提供更多水边或水上游憩的景观设施，使大众真正融入河滨景观中，使得人们对城市河滨有着更大的兴趣和更深刻的感情。

5. 注重亲水性、趣味性的表达

城市河滨是城市中自然条件相对较好、具有生态和景观功能的区域，河滨是居民日常休憩和休闲娱乐的场所，因此，城市河滨景观与人民日常生活密切相关。城市河滨景观的空间节点上应注重建筑设施的亲水性表达，可以通过景观浮桥、水步道、观赏长廊、观赏池等形式。为满足人们的亲水需求，城市河滨的生态设计要注重亲水性的表达，建设自然景观优美、呈现亲水设施足够的活动空间。同时，可以适当布置大众游憩的各种活动场所，例如步道、自行车道、儿童游戏场、野餐区等。全方位地提升城市河滨的亲水品质，最大限度地满足居民的亲水要求，这是城市河滨景观设计的重要一环。

现在人们对自然生活的向往无论在生活中还是外出游玩，对水体景观功能都有着较高的需求，不仅要享受水，还要贴近水。由于水的功能不仅限于旅游和观赏，其对周围环境的响应和生态保护也受到了越来越多的关注和重视。在城市快节奏的环境里待久了，人们还是希望来到绿树成荫、鸟语花香、鱼游鸟鸣的生态空间。亲水平台为人们接触水生动植物和了解水生态环境提供了良好的平台，亲水平台的设置应符合水体本身的水位变化，可以采用浮漂搭建的方式并可根据水位变化自由升降，以满足不同季节人们的亲水需求。这一方式适用于多水位的江河湖泊，加上防腐木的表面铺设，可以创造一个简洁美观的亲水平台。

二、城市河滨景观生态设计实践与探索

在此，以烟台市黄金河河滨公园生态设计为例，对城市河滨景观生态设计进行探索。

（一）项目概况

烟台市黄金河河滨公园项目位于烟台市开发区天津南路橡胶坝以东。河道长度约 4.2

km，河道宽度 140～170 m，总面积约 68.3 hm^2，其中绿地面积约 11.5 hm^2，水域面积 56.8 hm^2。

场地紧邻“古现旅游综合服务区”“烟台报税港西区”与滨海居住区，黄金河的主要服务对象分别为游客、工业劳动者、区域内居民。黄金河场地周边由“五纵三横”的路网构成。城市路网强调出片区与区片之间的联系，也为场地提供了较好的通达基础。

（二）现状问题及对策

通过对现场的实地观测，发现以下一些问题，同时引发了几点设计思考。

1. 河滨缺少适合周边居民休闲的功能场地

场地中缺少功能齐全的活动空间，不具有识别性，缺少驻足空间，且市政管线影响美观，如图 4-5 所示。

图 4-5　场地现状 a

对策：场地应为生活而营造，以不同使用者的需求为基础，通过设计多样化的主题活动空间让该场地成为故事与理想的生活发生器；建构六大主题建筑物，呼应主题分区，形成强烈的场地记忆；融入周边地块，提升场地的可达性以及周边地块价值；创造独具特色与功能互补的特色分区，从而形成与城市相互联系的生态河滨体系。

2. 河滨景观系统缺乏生态特征，与城市和谐规划定位背道而驰

现有的河岸不能阻隔由雨水冲刷造成的水土流失及其携带的垃圾，原有的驳岸比较陡峭，以土质驳岸为主，无法保持水土，导致初期雨水无法净化，影响了周边区域生态环境，如图 4-6 所示。

图 4-6　场地现状 b

对策：首先，实现雨洪资源管理与污染零排放，从源头进行控制，保护河流水质，这也是海绵城市设计中微观尺度的典范案例。改变传统的排水管理理念，尽量将雨水控制在源头和地表进行收集与处理，通过处理和下渗，使汇流时间增加，降低流速，缓解径流流量，并净化水质，实现在源头防止和缓解降雨径流，对地表径流的水量和水质进行控制；其次，重建并提升河滨的生态系统，建设 6 座生态景观闸坝，蓄水筑景打造缤纷生态水岸，从而修复滨水湿地，扩大湿地面积，提高生物多样性，成为河滨生态修复的典范。

3. 在道路设置和生态群落两方面都缺少连续性

场地内道路未进行细致规划，未做人车分流设计，存在一定的交通安全隐患，对道路的功能性缺少规划。此外，道路间断不连续，现状绿地尚未形成生态群落，生态河岸绿化种植面积不大，由于绿化密度导致的视线不透明，无法起到亲水、观水的作用。

对策：首先，打造 9 km 连续的自行车道与跑步步道系统串联各个核心主题活动空间，让跑步成为一种新时尚生活；其次，营造一条丰富的不断变化的慢跑道与步道系统，实现滨水道、林荫道、小广场等多样化的空间体验。

以上内容是在城市河滨景观生态方案设计中需要重点解决的问题，以问题为导向来完成城市河滨景观生态设计，从而满足河滨景观功能性、生态性的需求。

（三）河滨公园生态设计

1. 设计依据和指导思想

黄金河河滨公园设计的主要设计依据有：烟台市福山区规划、现状地形图以及其他相关的政策规定和技术规范来完成设计。

指导思想：要认真贯彻落实国家总体战略部署，建设生态文明城市，提高城市综合竞争力，实现城市人口、资源的协调发展，社会、环境和经济和谐发展。根据当地独特的地理条件和场地条件设计，在规划设计之前，要认真研究基地的地位、历史背景和自然条

件，权衡生态效益和经济效益。由于现代化的长远发展，景观已经失去了自然的生态环境，更多的是滨河生态景观并存的未来生态和经济效益，应考虑休闲、防洪、生态三项功能的平衡。从生态的角度，要确定未来的发展目标和沿江布局结构立地条件。城市滨河景观设计必须考虑河流生态系统建设与城市化之间的相互作用。雨水管理、土壤侵蚀、植物生长和生态平衡都与改善生态河岸系统的设计要素有关，在设计中应考虑生态河与城市发展的影响因素。因此，要综合应用多个学科，包括规划、景观设计、生态学、水利、环保、生物等其他自然科学和社会科学，只有多学科地综合考虑和研究，为实现城市滨水景观的生态平衡和可持续发展。

2. 设计理念、目标

该项目的设计理念：一切设计都是为了留住人，让人在这片土地更幸福地工作、生活、居住。原有的产业园区的规划布局是单调无趣的，要发挥生态的价值，对生态进行修复，对污染进行治理，提供净化的水体与新鲜的空气。同时，让每个人公平地享有河滨公园的生态资源，提供营造满足各类人群需求的场所。

该项目的设计目标：通过河滨景观生态设计，发起一场改变烟台经济开发区产业园以及园区环境的绿色景观革命，对传统园区的绿色环境空间发起挑战，让死气沉沉的环境景观焕发无限活力。通过营造全新的空间与可持续的河滨生态环境，让人们热爱这个场所，热爱生活，让人们充满幸福感，最终实现人与自然的和谐，营造健康、自然、生态、浪漫的环境，从而唤醒河滨生命力，构筑河滨绿色生活。

3. 生态设计布局

设计布局以生态理念为核心，将项目区建设成为亲近自然、追求健康、追求精致绿色生活的场所，为当地居民及产业工人订制一个自然、健康、浪漫、人与自然和谐共生的线性生态滨河公园，与健康同在、与自然同享、与生物共存、与居民同乐，如图 4-7 所示。

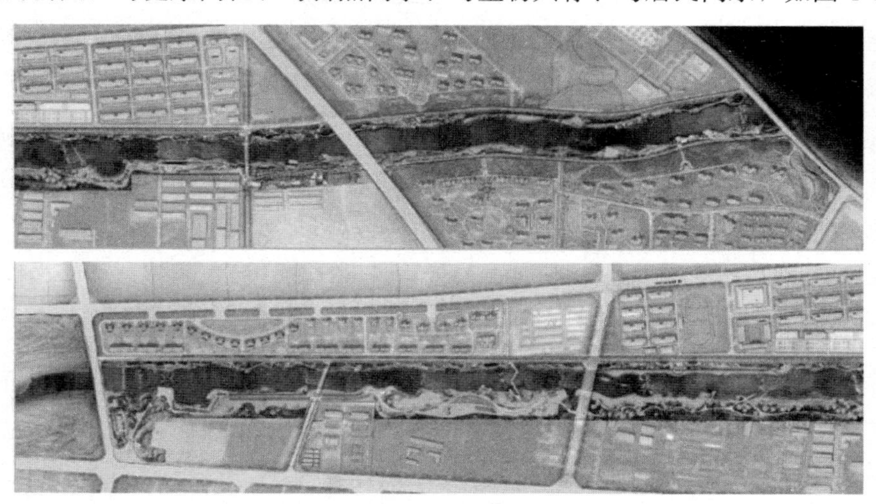

图 4-7 总体设计

4. 河流自然形态恢复设计

通过前期现场观察，黄金河整体河滨区有少量河滩、湿地等地貌，河流地形具有一定的地形落差，在河流形态设计中有条件利用地形起伏形成跌水。当然，要注意尽量保持河流的原本形态，只是在部分河流驳岸土壤松弛、河流阻塞的区域进行生态性的改造以保持水流顺畅、防止水土的流失。利用生态化、艺术化的改造方式，还原城市河流原本的自然和灵动，构建自然丰富的景观空间，在富有变化的河流驳岸上适当补种水生植物，从而提高河滨景观的观赏性，提升驳岸的趣味性。

根据源头控制理念，实施包括雨水花园、生态滤水带、雨水湿地等水敏感城市设计设施，缓解并净化基地雨水径流，以达到对黄金河水质治理的目的。改变传统的排水管理理念，尽量将雨水控制在源头和地表进行收集与处理，通过处理和下渗，使汇流时间增加，降低流速，缓解径流流量，并净化水质，实现在源头防止和缓解降雨径流，对地表径流的水量和水质进行控制，如图 4-8 所示。

图 4-8　生态滤水带设计

雨水花园、生态滤水带的水质净化区域包括植栽区、滤料层、过滤区、临时蓄水区等。主要优点有维护要求低、景观效果多样、雨水净化效果好。雨水湿地既可以净化雨水，也可以有效地减少雨水量，净化能力高，同时营养物质去除率较好，能为生物提供栖息地且维护费用低。通过一系列雨水花园、湿地植物截留带构成的生态雨水设施，并结合场地的竖向设计，减少公园内雨水径流的产生量，可以促进自然的雨水下渗过程，减少雨水径流带来的污染。

在地势开阔且较平缓的地方可以设置绿地草沟过滤带，防止雨水对驳岸的冲刷，起到涵养水源，净化水源的作用。

在来水方向可以设置净化湿地，对上游来水和汇入的雨水径流进行净化，形成较稳定的湿地生态系统，提高水体自净能力。利用湿地植物群落序列对水体进行净化，维持下流水体的水质。考虑到景观风格，方案中湿地的类型是自然表流湿地的形式。此外，要模拟自然状态下湿地生态系统的植物结构，将水深控制在一定深度以满足植物生长的需要。

黄金河属于季节性河流，枯水期长，干枯的河滨景观效果差，本次设计了生态堤防 9 座，钢坝 1 座，用于控制河道水位。枯水季节可利用下游污水处理厂的处理水进行管道补给，达到河面长期满足大水面的景观效果。由于生态滚水坝有阻洪的问题存在，为了保证河道泄洪，水坝不宜设置得太高。控制段最深水位 1.2 m，平均水深 0.5 m，满足泄洪要求。

河流入海口处设置一座钢坝，可在枯水季节起到蓄水的作用，在雨季起到排洪作用，且设置在入海口还能防止海水倒灌。钢坝控制段最深水位达到 3 m，平均水深 1.2 m，是整段河流水位最深河段。

结合烟台市的气候水文条件得出，黄金河属于季节性河流，通常情况下河流本身不产生基流，做蓄水改造必须做防渗漏设计，否则在施工时会致使渗透量过大，很难找到水源补充，从而加大工程难度。因此，河底防渗漏设计可以采用三合土防水，保证永久性防水、透气，且施工相对简便、工期短。

5. 生态护坡、生态绿岛设计

生态护坡是将工程力学、土壤学、生态学和植物学等多学科综合运用，对地面上的斜坡或边坡进行支撑和保护，它是由工程和植物共同组成的综合护坡系统的一种护坡技术，具有保持水土、涵养水源的作用。通过生态护坡处理，一方面美化了以往的硬质边坡；另一方面恢复了自然生态环境，改善了环境功能，同时促进了有机污染物的降解等，如图 4-9 所示。生态护坡可用于加强植被的深层根系，减少水压力，保持雨水，减少溅浊，控制土壤颗粒的流失，恢复受损的生态环境，促进有机污染物的降解，净化空气，调节小气候。

(a) 植物型护坡

(b) 生态石笼护坡

图 4-9　生态护坡设计

对于方案中几个水质较差的位置进行生态绿岛设计，利用生态学的原理，能有效改善河流、湖泊的富营养化水质。自然降解水中的氮、磷、钾等富营养化的含量，属于人工浮岛。因此，要优化水体质量，提高水的透明度，帮助水体自然修复，从而抑制藻类、减轻水体由于封闭或自循环不足带来的水体腥臭、富营养化现象，如图 4-10 所示。

图 4-10　生态浮岛设计

6. 生态种植设计

植物配置是河滨景观生态设计的主要手段，良好的绿化设计可以实现植被重组，提升河系原有的植被体系，为多种物种提供栖息地；营造四季变幻的滨水林荫带，增强城市景观美感形象；展示城市形象重要的绿色生态廊道；防灾、减灾，过滤水体，提升周边居民生活品质。

河滨景观主题是绿化，应结合方案设计，明确乔木、灌木、地被和草坪的组织与搭配、品种分布、规格等，结合季相、色彩等的变化营造四季景观。同时，注重宿根花卉的应用，国道以东缺少色彩变化，可适当丰富。另入海口 50 m 范围内植物应考虑耐盐碱、耐海风、耐海雾植物。

（1）行道树。场地国道两侧道路现状有大约有 1000 棵胸径 25～32 cm，冠幅 3～5 m 的柳树，设计中予以保留。在现有柳树基础上整理出行道树向河道方向 1.2 m 的距离作为自行车道。同时将场地人行道上划分出 90 cm 空间作为雨水花园，使得场地的柳树得到最大限度的利用，如图 4-11 所示。

图 4-11　行道树设计

（2）树阵、列植树。现状桥南侧左右两端皆有长势较好的榆树阵，胸径 30～40 cm，冠幅 5～7 m，约 80 棵，夹道效果极佳，设计中予以保留，作为林荫大道。场地工厂两处建筑背侧列植了胸径 20～30 cm，冠幅 4～5 m 的白杨树，共约 20 棵，设计中予以保留，

作为背景林，如图 4-12 所示。设计时，整理树阵下的道路系统，结合海绵城市雨水收集，将树下空间分为自行车道、雨水种植池、步行道，使得原场地的树下空间得到最大限度的利用。

图 4-12　树阵、列植树改造前后

(3) 丛植树。保留场地中白杨树作为点景树，雪松作为配景植物。黄金河南北两侧现状零散分布着丛植龙柏，冠幅 50～100 cm，共约 300 棵。在景观中作为配景灌木树种，设计中，考虑保留或移栽，如图 4-13 所示。设计时，结合道路系统及功能分布，绕开丛植的白杨树，最大限度地利用现场植被。

图 4-13　丛植树保留

(4) 孤植树。为了最大限度利用现场孤植大树，设计时将活动功能与树结合，道路系统也一并考虑，尽可能地保留场地记忆，如图 4-14 所示。

图 4-14　孤植树保留

(5) 植物材料选择。设计结合烟台市黄金河的自然地理条件、土壤环境以及烟台市城区规划等因素，因地制宜的配置植物如下：

耐盐碱类乔木：栾树、臭椿、山杏、紫丁香、龙柏。

乡土乔木：国槐、楸树、小叶朴、黄连木、毛梾、君迁子。

观赏乔木：大叶女贞、白皮松、蒙古栎、银杏、白玉兰、八棱海棠。

耐盐碱地被：珍珠梅、女贞、地肤、丝兰、锦带花、单叶蔓荆。

乡土地被：雪柳、大叶黄杨、大花水娅木、月季、猥实、天目琼花。

观赏地被：小叶黄杨、小叶女贞、沙地柏、金叶风箱果、红瑞木、芒草。

水生植物：千屈莱、黄菖蒲、荷花、香蒲、再力花、花叶芦竹。

7. 河滨生态道路系统设计

在河滨景观生态设计中，交通设计首先要考虑是否具有生态性，对于雨水能否做到合理的自然下渗，是否能较好地联络整个河滨区域，构成生态格局的完整性。其次，在设计中，处理好场地外部交通与场地内部交通的组织和衔接，车行交通、人行交通、消防交通、道路等级划分明确合理，停车场布局应适应均衡布置。

市政人行道、慢跑道、自行车道及人行休闲步道优先选用透水铺装，结合植草沟对雨水可起到过滤、净化、涵养水源等作用，通过渗透雨水还能对洪水起到防范作用。

8. 景观功能区生态化处理

通常的景观功能区能为人们提供使用功能的需求，但随着生态理论和施工技术不断发展，空间节点在生态水循环中占有重要的地位，它具有采水、输送、收集、疏散、净化等功能，在设计时应注意节点地面设施的排水功能，功能区设施在材料选择上要考虑其生态功能。材料表面的孔隙度、整体造型流线、场地因素如降雨量等都是生态景观的功能区设计需重点考虑的因素，如图 4-15 所示。

在河滨生态景观设计中，构筑物在具备功能性的同时，还需要注意生态性，否则会与环境格格不入，在选材、颜色搭配上应注重与周边环境的融合。标志性构筑物应从车行视线两侧的景观展示界面着手，适当布置标志牌，不宜考虑过多大体量的标志，局部有标志性构筑物即可。

城市河滨的服务人群主要为城市居民，应从人性化角度适当布置游憩、停留设施及场所，满足不同人群的休闲、活动需求。景观节点的必要性应适当明确，根据居民各年龄段的不同需求设置不同的景观节点。

图 4-15　生态化景观功能区设计

9. 亲水平台设计

一般亲水平台在景观空间类型上是开放型的，综合考虑植物、水体以及构筑的三重景观空间效果，人可以驻足、娱乐、观赏。亲水平台设计沿河而建，平台间隔设置在水的边缘从而形成一个纵向延伸的景观序列，并存在一定的垂直设计问题，设计时要通盘考虑河滨场地现状的立体空间呈现，合理配置植物和地形设计，使景观呈现更好的效果。要达到绿色空间和市政建设之间自然过渡的效果，就必须综合考虑河流水位、场地通达性、自然生态等因素，构建一个多层次的亲水空间，在常水位线以上设立距离水面较近的底层平台，实现亲水性功能；防洪水位线做五十年一遇或百年一遇设计，做生态化处理，使其具有自主修复的能力，从而减少人为干扰。同时注意亲水平台和高层构筑的防护设计，形成一个安全的观水平台。

将亲水平台设置在河道驳岸或者河面上，尽量呈现曲线自然的形态，空间面积结合场地实际酌情考虑，增设步道系统、游憩设施以增加人的参与度。材质上注意透水性、防滑、耐磨和抗腐蚀性。设计中采用亲水栈道、阶梯平台、建设堤坝、筑桥等形式，从而使亲水平台与河道周边空间节点有机结合，增加亲水的趣味性和观水的通达性，如图 4-16 所示。

图 4-16　亲水平台设计

10. 生态化配套设施设计

对配套设施进行生态化设计处理，材质的选择一方面要利用原场地的砖、木、石等材料，突出生态环保理念；另一方面要考虑其应具有对环境无污染、防水、成本低、可重复利用等特点。

（四）社会生态效益评估

1. 生态效益

在此基于烟台市黄金河河滨公园设计，找准生态理念与城市建设的契合点，通过科学的、适宜的生态环境治理和改造，以达到综合利用生态资源、全面提升城市人居环境的目的。将生态设计理念融入城市河滨景观设计理念，构建一个和谐、有机、可循环的城市河滨绿色空间，通过理论研究和实际探讨，解决城市化进程中河滨生态景观设计中遇到的问题。同时，能有效改善周边居民的生产、生活条件，有效提高城市植被覆盖率，改善河流水质环境，从而消除城市环境污染、噪音污染，逐步减轻城市雾霾、改善区域小气候，打造绿色可循环的人居生态环境，以满足人们对高品质、高质量居住环境的需求。

2. 经济效益

该项目有效地改善和提升了城市生态自然环境以及周边区域的居住生活条件，为外商投资提供了基础条件。丰富了周围居民的文化生活，为居民提供了一个休闲、娱乐和栖身的优良场所，让人们享受到绿色的城市自然生态环境，调节身心疲劳、感受悠闲惬意的生活；同时，促进区域经济可持续发展，维护社会稳定，引起社会关注，引领生态保护潮流。城市河滨生态景观建设管理在项目管理方面可以实现先进的管理理念，可以促进当地及周边农业和林业管理、科学和集约化发展，在生态建设中有典型示范性作用。

第二节　城市道路景观生态设计分析

一、城市道路生态景观设计原则及方法

（一）城市道路生态景观设计原则

交通功能是道路景观的基础功能，而环境生态功能是对周边地带的环境绿化和水土保护发挥环境生态作用。① 道路景观中的景观应该是广义的景观，而不是只注重视觉的狭义景观。道路景观设计以“生态景观设计”为核心，不仅要满足交通功能、环境生态功能、景观形象功能，还要满足其文化宣传功能。为了达到这四大功能，总结归纳了以下四项原则。

---

① 刘滨谊．现代景观规划设计［M］．2 版．南京：东南大学出版社，2005.

1. 强调交通安全，协调周边环境原则

道路的基本职能是交通功能，道路绿化应该在满足交通功能的前提下再满足其他功能。在提高交通安全性方面，可利用植物进行视线诱导、防眩光、缓冲撞击、遮蔽构造物，同时提高驾乘人员的心情及愉悦度，降低驾驶员视线疲劳，以提高公路的交通安全性，但不可过于绚丽，以免分散司乘人员的注意力。同时，道路绿化应该保障其符合行车视线和行车净空的要求，避免遮挡司乘人员的行车视线。

城市道路并非完整个体，需要依赖周边环境，共同构成稳定的生态系统，因此道路在建设过程中需要有整体概念。道路在设计过程中，应该充分考虑周边的市政设施如管道、照明设施、电线杆等，协调道路绿化位置，减少矛盾。尊重场地精神，尽量保留场地中的树木，在后期植物选种时，也应该考虑植物景观的衔接问题，同时，要做长远打算，不为短期利益而牺牲环境。充分考虑其经济和社会效益，了解植被的形态、大小、习性、色彩以及生长规律，使之在生长的鼎盛阶段能达到景观的最佳效果，后期也易于维护。

2. 因地制宜，适地适树原则

城市道路周边环境十分复杂，由于人流和车流较大，受噪音和尾气影响，道路景观常常遭受严重的人为破坏，加之人为修剪、浇水、喷药等后续管理工作频繁，在选择树种时，应该充分考虑道路的实际情况，尽量选择观赏性高、抗性强、水土保持能力强，虫害少且易于繁殖的乡土植物，以提高植物存活率，降低对生态系统的影响和植物入侵的风险。

3. 以人为本，生态优先原则

城市道路是人为修建的城市交通道路，使用主体是人，因此在设计中，主要考虑人的视觉需求、使用需求和生态需求，但同时也要考虑其对周边生物的影响。

（1）视觉需求。城市道路景观要符合人的审美机制，其绿化的布局形式、配置方式、季相变化会对人的视觉感受产生巨大影响，合理设计将会大大提高交通安全性。如富有变化的景观在一定程度上能缓解司乘人员的视觉疲劳，进而降低因视觉疲劳造成的交通事故。

（2）使用需求。城市道路景观设施包括座椅、垃圾箱、候车亭等，与行人的活动息息相关，也是道路景观中不可或缺的一部分，其便利性、舒适性将直接影响人对道路的使用体验。

（3）生态需求。城市道路绿地是城市绿地系统网络中的骨架，其不仅能美化环境，还能净化空气、降噪降尘、改善小气候、提升场地适宜性和舒适性。因此在城市道路的设计中，要充分尊重原始场地，提升道路绿化的蓄水能力以及地面铺装的透水能力，为生物营造适宜生存和繁衍的环境。

4. 尊重地域文化原则

城市道路不仅能直接体现城市风貌，也是改善城市形象和优化生活空间的重要途径，是宣传城市形象和文化的优质平台。因此应该充分利用当地是历史文化符号，归纳提取为文化符号和元素，并充分结合当地的建筑、景观构筑物等设施，将其巧妙地融入环境中，赋予道路景观区域特性和识别性。

（二）城市道路生态景观设计方法

1. 增加低影响开发设施

何云雲在《海绵城市理论对道路绿化景观设计的启示》中提出传统城市道路在排水能力上仍存在道路排洪压力大、地面径流污染严重、雨水流失严重、道路绿化蓄水保水能力较弱等问题。① 因此，此次设计也把重点放在了解决道路排水的问题上，引入低影响开发设施。

“低影响开发”理念自20世纪90年代末期被首次提出以后，就被广泛应用于城市雨洪管理中，具有“生态、低碳、低能耗”的特征。其作用原理是通过削减雨水源头，以达到降低地面径流、净化水源、补给地下水、保护水环境、削减洪峰的效果。其作用过程可以总结为“渗透—储存—净化—传输—滞留—回用”。在此主要选择了生态植草沟、下凹式绿地作为实施措施。

（1）生态植草沟。生态植草沟是利用植物和缓坡形成的雨水处理、运输及短暂性储存设施，通常由植被层、种植土层、过滤层、渗排水管以及砾石层构成。其作用原理是利用植物和过滤层对径流中的悬浮物和污染物进行净化，净化后，部分净化水会渗入地下，部分净化水则会通过排水管流入城市雨水管道系统。据研究表明，生态植草沟对SS、Pb、COD和重金属有明显的去除效果，其去除效果与生态植草沟中的植物密度和径流速度密切相关。

（2）下凹式绿地。下凹式绿地也称为低势绿地，是一种利用自身形成的下凹空间来储存雨水的生态排水设施，常被运用于收集小面积区域的径流。其作用原理是通过对雨水的存蓄，增加雨水下渗时间，以削减雨水峰值和降低面源污染。

2. 优化植物

在道路生态景观设计中，植物占比较大，在保护生态环境、净化区域空气、消毒杀菌及降尘降噪等方面都有明显效果，能有效缓解气候变化，降低高温对人类健康的影响。据研究表明，植物能反射74%的声能，吸收26%的声能②，有植物的地方能有效地缓解热岛效应，并且形成的树荫能将人在户外感到不适的时间减少一半以上。在此，则将以植物为重点设计对象，主要考虑其植物种类以及植物配置。

---

① 何云雲．海绵城市理论对道路绿化景观设计的启示［J］．现代物业（中旬刊），2018（02）：87.

② 傅晓薇．城市道路交通噪声治理措施分析［J］．交通建设与管理，2010，（Z1）：94—96.

（1）植物种类。第一，以乡土植物为主。乡土植物是最适应当地环境的植物物种，不仅易于管理，降低后期维护成本，且有利于形成地域性景观，保护地方物种。除此之外，因为道路路域内的风速、湿度、土壤干燥度与周边环境有明显差异，车辆排放的臭氧和氮氧化物都会对植物产生巨大影响，因此在选择植物物种时，要求道路植物应具备一定的功能性。

本次设计中，植物需要具备树形优美、分支点高、成活率高、树龄较长、抗性强、易管理、易维护、降尘降噪、吸收有害气体等特点，并要求其保持一定叶量，以提供树荫，满足行人夏日需求。

第二，提高植物多样性。在一定条件下，增加植物物种多样性，也会增加生物物种的多样性。增加植物多样性具有提高城市生态系统稳定性、增强城市道路景观的观赏性、减少植物养护成本和药剂使用量的优点。

（2）植物配置。第一，模拟自然，强调植物的群聚性。群落的配置方式应根据城市道路的实际情况，以植物群落为单位，模拟城市现存较稳定的自然群落组合，利用当地的建群种和优势种、伴生种进行搭配组合，从而形成稳定、协调的生境，为周边动物提供栖息场地。

第二，以人为本，强调植物规范种植。城市道路景观与行车安全密切相关，因此在设计中对植物种植形式具有一定要求。首先，中央植物分隔带应配置植物，以遮挡防止眩晕、降低噪音、隔离车流。其次，在安全视距内不宜配置高大乔木，以免影响行车视线。最后，植物种植以曲线为宜，形成节奏感和韵律感，进而降低驾驶过程中产生的眩晕和疲惫感。

第三，延长观赏期，凸显植物季相变化。城市道路景观应打造三季有花、四季常绿的道路景观效果。为了延长景观观赏周期，凸显植物在不同季节中的差异性，利用“乔木—亚乔木—灌木—亚灌木—花卉—草”的复层种植形式，提高开花植物和色叶植物的配比，选用花期长，且具有明显季相变化的植物，并在后期群落的营建中，注重植物组团形式，利用组团内不同植物在不同季节观赏性的差异化和互补性，延长景观的观赏周期。

第四，近期与远期效果结合。充分考虑道路景观近期与远期效果，利用速生树种和慢生树种间隔种植。前期利用速生树种营造绿化效果，后期待慢生树种长起来以后，再淘汰速生树种。

3. 优化硬质材料

4R 原则在景观设计行业得到了普遍认可，其核心要点“Reduce、Reuse、Recycle、Renewable”即减少不可再生材料的使用，利用可再生材料，利用再回收重新使用旧材料是设计的必然趋势。因此道路生态景观设计应该遵循 4R 原则，利用透水性强、可回收的生态材料，减少不可再生资源的使用。生态材料对环境的干扰较小，通常可分为自然材料、循环材料、新型绿色建材及能源材料等。在选择生态材料时，应从材料生命周期的长短、可回收性和对环境的影响等多方面考虑。取材方式也多为就地取材，使用本土材料，降低运输成本和能源消耗的同时也体现了地域性。在此以石材、木材、钢材、透水砖为例，简要分析其优点。

（1）石材。石材属于自然材料，使用周期较长，后期维护成本较低，且品种丰富、选择范围较大，若选用无毒无害、无放射性的石材，可大大降低开采成本和运输成本。

（2）木材。木材属于自然材料，且是可再生的资源。木材相对于石材和金属而言，更具亲切性，会让使用者觉得更自然。但其受湿度和温度的影响较大，常常被外部环境腐蚀、破坏，因此在使用的时候多与相关的环保防护漆一起使用，以延长其使用周期，最大限度实现木材的使用价值。

（3）钢材。钢材属于循环材料，可多次加工利用。钢材具有较大的可塑性，在景观和建筑中属于常用材料。常常搭配相应环保防护漆使用，提高其耐候性和耐腐蚀能力，以延长其使用周期。

（4）透水材料。据研究表明，铺设透水砖的路面可多吸收40％～90％的地面径流，因此在降低城市道路地面径流时，利用透水铺装消纳地面径流是必要选择[①]。透水铺装通常由可渗透层、过滤层、排水层构成，其作用原理是通过提高地面材料的透水率，达到降低地面径流量的目的。

在城市道路中，透水材料主要分为车行道路材质和人行道路材质。车行道路面材质注重使用性和透水性，目前市场上运用较多的是透水性沥青、橡胶沥青混凝土、改性沥青混凝土。人行道路面材质注重舒适性和透水性，目前市场运用较多的透水材料是透水沥青、透水混凝土、透水砖。排水沥青路面及透水砖路面典型结构。

二、城市道路景观生态设计实践与探索

在此，以崇州市世纪大道生态设计为例，对城市道路景观生态设计进行实践与探索。

（一）总体设计

1. 设计目标

崇州市是四川省的历史文化名城，也是山地度假的旅游地，在成都市有着重要的旅游开发意义。成名高速是成都通往崇州的重要途径，而世纪大道作为成名高速进入崇州的主道路，是崇州市形象和文化的重要展示窗口，但世纪大道尚存在景观性差、生态性弱、文化性低、功能缺失的问题。因此在本次设计中，针对这几大问题，对世纪大道进行景观提质，力图将其打造为集观赏、生态、文化、休闲于一体的富有气势和季相变化的城市迎宾

① 朱祥明，茹雯美．国家标准《城市绿地设计规范》GB 50420－2007（2016年局部修订版）简介［J］．工程建设标准化，2017（01）：55-57.

大道。

2. 设计策略

（1）打造分段景观，丰富植物种类。世纪大道设计长度为 1900 m，根据道路周边环境和道路功能，合理划分为晶蓝之带、胭粉之带、街心花园三个部分，制定不同的功能主题，利用植物进行合理配置，形成不同主题和色彩的道路景观。植物种类也从前期的 28 种，增至 70 种，在植物的竖向种植上，利用植物复层种植，丰富其植物品种和植物层次，进而提高单位体积内的绿量和植物种类，利于营造更加稳定的生态结构。

（2）统一道路剖面，增加活动空间。根据政府对现状土地进行征收的状况，合理进行建筑拆除和土地占用，现红线宽度可增至 180 m，因此对原始道路宽度进行扩展，统一道路的中央隔离带、机动车道、机非隔离带、非机动车道、人行道的宽度，形成具有联通性的生态绿廊。路侧绿化带是建筑与道路的过渡带，因周边环境的不同，因此会出现宽窄不一的现象。设计时，为了弥补现状道路中的功能缺失，在路侧绿化带中增加了绿道和户外活动空间，以满足人的户外游憩、运动和交友的需求。

（3）增加公共设施，融入崇州文化。世纪大道中的公共设施由于存在破损、缺失、位置不合理等问题，在设计中，对原始灯箱进行维修、替换和刷漆处理，拆除原始垃圾池，另选合适的位置进行修建，除此之外，提取崇州文化元素，统一设计垃圾桶和座椅，并按一定距离进行放置。对原始候车亭进行改造，同时往路侧绿化带方向移动候车亭，预留了更多候车空间。

（4）统一建筑立面，下埋管网线路。由于建筑后期会进行拆除，电线埋设非专业范畴，本次设计只提出整改思路，具体设计需要相关专业进行二次深化设计。对于原始建筑，拆除过于破旧及无保存价值的建筑，而现状保存较好及后期新建建筑，应该统一建筑外立面的色彩、材质、风格，以形成干净、统一的立面效果。现状的电线需要更改为地下埋设，以保持净空的整洁度和道路的安全性。

（5）巧用乡土植物，降低后期维护。提高世纪大道的乡土植物占比，一方面提高道路生态环境的稳定性；另一方面可降低后期人工维护投入的人力及财力。使用乡土植物，可降低植物遭遇病虫害以及因不适应种植环境而死亡的概率，避免了植物更替。同时，乡土植物具有易获取、易运输、具有区域特色等特点，对于塑造地域景观和降低成本具有极大益处。

（6）使用低影响开发设施，形成透水路面。设计中，为了解决原始地面径流严重的问题，增加适用于世纪大道的低影响开发设施，包括下凹绿地及生态植草沟。为了提高地面透水性，选用透水砖和排水沥青，并在其他材料选用方面也进行生态考虑，尽量使用可回收和可再生的材料。

（7）协调周边环境，凸显道路个性。世纪大道的设计应该遵循崇州市的城市总体规划，从整体角度出发，尊重周边环境，同时结合自身的地形地貌、植物资源、文化资源等，挖掘自身特色，进而制订出符合世纪大道特点的生态景观提质方案。

3. 设计构思

本次设计结合世纪大道的现状条件，确定了其景观设计理念为“保护生态、体现地域性”秉承“自然、生态、乡土性”的思路，以生态学为指导，将世纪大道提质为崇州市的第一形象大道，成为对外宣传的重要窗口。

为了解决世纪大道的景观性差、生态性弱、文化性低、功能缺失问题，本次设计遵循4R原则，结合城市道路生态景观设计的主要方法：增加低影响开发设施，优化植物，优化硬质材料。通过优化植物和打造分段景观等方式，提高其观赏性；通过增加低影响开发设施，使用生态材料，优化植物等方式，提高道路的生态性；增加公共设施，扩展其休闲空间、增加绿道等方式，增加其道路功能；通过在公共设施和城市小品中融入地方文化，选用地方乡土植物等方式，提高道路的文化性和地域性。

世纪大道全长为1900 m，景观设计满足“内赏外护”的功能特点，即靠近道路内侧的景观观赏性更强，道路外侧的景观防护性更强，因此在植物的选择和运用中，内部植物层次更为丰富，外部植物树形更为高大。同时为了降低道路对周边环境的影响，将道路与居民住宅区之间的绿化带进行堆坡处理，塑造微地形。此次设计为了保障道路景观的丰富性，采用分段设计，将世纪大道划分为晶蓝之带、胭粉之带、街心花园三个部分，以蓝色、粉色、黄色为主题色彩，打造“一段一景”，力图通过不同的植物搭配，打造色彩绚丽、季相丰富的道路景观。同时，为了保障世纪大道的整体性，在植物选择上也十分考究，选用相似或相同植物作为基底植物，延续了视觉的连续性，统一道路剖面，保障了世纪大道的联通性。

（1）晶蓝之带。晶蓝之带以“蓝花楹＋木芙蓉＋银杏”为主要乔木，因该路段夏季蓝色系花居多而得名，主要以水土保持功能为主，植物选择时也以能涵养水源、保水锁水的植物为主。

（2）胭粉之带。胭粉之带以“樱花＋紫叶李＋银杏”为主要乔木，因该路段春夏粉色系花居多而得名主要以降尘降噪功能为主，植物选择时也以能降尘降噪、吸粉滞尘的植物为主。

（3）街心花园。街心花园以“黄金菊＋金叶女贞＋合欢＋楠木”黄色系植物为主，因处于道路交叉路口而得名，主要以文化宣传功能为主。

（二）晶蓝之带景观生态设计

晶蓝之带全长1530 m，位于世纪大道北半段，紧邻成名高速崇州收费站，是崇州市进出成名高速的必经路段。因白马河穿越该段道路，存在河岸被冲刷侵蚀、沟岸扩张的潜在问题，地面径流对邻近的待建湿地公园也有较大影响，因此晶蓝之带的功能定位是水土

保持。

世纪大道的未来定位为崇州市第一形象大道，未来交通流量也会激增，因此需要对现状道路进行扩宽，根据道路部门的设计，扩宽后的世纪大道红线横向宽度为 80～180 m，双向六车道，主要由中央隔离带（8.5 m/12 m）、机动车道（15 m）、机非隔离带（4 m）、非机动车道（11.5 m）、人行道（3.5 m）、路侧绿化带（0～50 m）构成。结合世纪大道的现状，设计后的晶蓝之带的典型剖面主要有三种，由于道路横向宽度有些许差异，因此为了提升道路的整体性和联通性，以两侧人行道路为界，统一人行道路至中央隔离带的剖面形式，只在路侧绿化带进行变化。

晶蓝之带以夏蓝秋黄为主题色彩，蓝花楹、木芙蓉、银杏是该段道路的主要乔木。同时，运用了大量水土保持作用的植物，如水杉、栗树、垂柳等。除此之外，增设了生态植草沟、下凹绿地，结合透水铺装、排水沥青，缓解道路地面径流严重的现象。在路侧绿化带中设置了 S 形绿道，并配置了相应的座椅及垃圾桶，方便行人使用，如图 4-17 所示。

图 4-17　晶蓝之带效果图

1. 中央隔离带

（1）低影响开发设施。晶蓝之带的中央隔离带宽度大多为 12 m，在靠近街心花园的区域，由于交通需求要扩宽车行道宽度，因此将中央隔离带的宽度缩减为 8.5 m，但仍然有足够的面积设置下凹绿地，以起到滞留雨水和延长雨水下渗时间的作用，也为中央隔离带中的植物提供了水分来源，降低了后期人工灌溉的成本。在实际操作中，在中央隔离带中挖取宽 2 m 深、0.5 m 的凹地，并埋设雨水管和土工布，于上种植耐水湿的灌木、草本。除此之外，中央隔离带采用立路缘石，并进行豁口处理，以保障雨水向中央隔离带汇合，既减少了地面径流，又补给了中央隔离带的植物用水，降低了水资源的浪费。在豁口处的绿化带内侧需要放置一些沙石、木屑或者耐湿地被植物，防止径流汇集的时候对中央隔离带中的土壤和草坪造成破坏。中央隔离带的两侧需要设置排水口，将多余的路面径流排入城市市政管道中，排水口的间距和大小需要后期根据场地现状具体设计。

（2）植物选种及配置。晶蓝之带中央隔离带的植物不仅要对车辆排放的臭氧和氮氧化物、一氧化碳、二氧化硫、含铅化合物等污染物具有一定的吸收能力和抗性，且要求其成活率高、易于管理、环境适应性强，同时要具有水土保持能力。具有水土保持能力的植物要求其枝叶繁密、冠幅较大、郁闭能力强、截留雨量大，且根系发达、固土能力强，种源易于获取，最好是乡土植物，因而确定了以木芙蓉、桂花、香樟作为中央隔离带的骨干树种。同时，为了延长晶蓝之带的景观观赏周期，凸显街道的季相变化，选取了以蓝花楹、木芙蓉、桂花为主的开花植物，以及银杏、红花檵木、南天竹为主的色叶植物，将开花植物种类提高至 51 %，色叶植物种类的配比提高至 21 %，如表 4-1 所示。

表 4-1　晶蓝之带中央隔离带植物选择表

植物类型	植物名称
乔木	蓝花楹、木芙蓉、香樟、银杏、桂花
灌木	海桐、红花檵木、金叶女贞、南天竹、小叶栀子
花卉	杜鹃、玉簪、常夏石竹
草本	马尼拉草、白三叶、麦冬

中央隔离带植物在栽植的过程中要求，车道与乔木之间要保持 0.8 m 的距离，以免树木落叶影响司乘人员的行车安全。距地面 0.6～1.5 m 的下层植物的树冠要常年保持茂密，以防止眩光影响行车安全。同时，植物采用“乔木—亚乔木—灌木—亚灌木—花卉—草”形式的复层种植，以增加单位体积绿量，提高生态结构的稳定性。

2. 机非隔离带

（1）低影响开发设施。晶蓝之带的机非隔离带宽 4 m，宽度有限，适宜引入生态植草沟。生态植草沟要保障 30 cm～50 cm 的下凹深度，并覆盖 30 cm 厚的种植土，满足内部植物的生长条件。植物要选用耐水湿的灌草，可形成防雨水冲刷的第一道防线，也过滤了大颗粒的杂质。种植土需要一定的砂石混合，加大土壤的渗透和防冲刷能力，同时为了防止生态植草沟内水流存蓄过多而外溢，在种植土下面需要设置排水管道，当生态植草沟内储存的水量达到饱和的时候，多余水流将排入城市市政管道中。此外，机非隔离带路缘石沿用豁口处理的手法，让多余的地面径流能够流入机非隔离带的生态植草沟中。

（2）植物选种及配置。夏季天气炎热，为了降低阳光直射，为过往的非机动车提供凉爽的行车环境，要求机非隔离带中的植物在夏季保持一定的叶量，冬季天气寒冷，为了让行人接触到更多的阳光，应选择落叶植物。因此，机非隔离带选用落叶植物蓝花楹、木芙蓉与常绿植物香樟进行搭配组合，与中央隔离带形成呼应，并在下层空间配置常绿灌木六月雪、小叶女贞及季节性花卉玉簪，丰富景观层次。其他植物的选择仍然遵从中央隔离带的选择要求，具备水土保持和抗性强的特点，如表 4-2 所示。

表 4-2　晶蓝之带机非隔离带植物选择表

植物类型	植物名称
乔木	蓝花楹、木芙蓉、香樟

续表

植物类型	植物名称
灌木	六月雪、小叶女贞
花卉	玉答
草本	马尼拉草、麦冬

机非隔离带植物在栽植的过程中要求，每隔 100 m 的距离就要铺设人行铺装，以便于人行穿越。同时，由于宽度受限，植物采用“乔木/亚乔木—灌木—花卉—草”形式的复层种植，丰富单位绿量。乔木与亚乔木的交错种植，可以凸显林冠线的起伏变化。

3. 路侧绿化带

（1）低影响开发设施。晶蓝之带的路侧绿化带宽度在 0～50 m 之间，部分地区由于空间狭小，人行道与建筑直接相连，而未设路侧绿化带。路侧绿化带小于 3 m 时，不种植乔木，不设低影响开发设施。当路侧绿化带大于 3 m 时，根据场地宽度设置不同大小和深度的下凹绿地，并埋设雨水管和土工布，于上种植耐水湿的麦冬、玉答。同时，为了形成更好的景观效果和排水效果，路侧绿化带需要整体堆坡，形成 5 %的坡度，巧妙消化了中央隔离带中修建下凹绿地挖出的土方量，实现了土方平衡。

（2）植物选种及配置。路侧绿化带是道路绿化中与人联系最紧密的绿化带，在设计时，对人体验感的考虑会更甚。因此，在靠近绿道一侧，不仅增加了萼距花、夹竹桃、锦带花、山茶等花卉，还增加了枇杷、柑橘、石榴、李子树等春花秋果类树种，以及梅花、蜡梅等芳香类树种，以提高晶蓝之带的游览趣味和采摘体验，同时也提供了蜜源，吸引更多生物，进而有利于营造更稳定的生境，如表 4-3 所示。由于路侧绿化带是道路与建筑之间的过渡地带，因此，在靠近建筑一侧利用栗树、水杉、杨树等高达乔木进行群植，形成绿色屏障，达到降尘降噪的效果，进而降低道路对周边环境的影响。

表 4-3　晶蓝之带路侧绿化带植物选择表

植物类型	植物名称
乔木	杜英、柑橘、枇杷、楠木、垂柳、枫杨、构树、国槐、黄连木、鸡爪槭、杨树、樱花、水杉、石榴、李子树、栗树、梅花、泡桐、玉兰、黄葛树
灌木	萼距花、夹竹桃、锦带花、山茶、狭叶十大功劳、鸭脚木、八仙花、腊梅、贴梗海棠、海桐、红花檵木
花卉	马鞭草、玉簪
草本	马尼拉草、白三叶、麦冬、芭茅、菖蒲、慈姑、灯芯草、茭白、鸢尾、泽泻、紫鸭跖草、葱兰

（3）公共设施。首先拆除了晶蓝之带的垃圾池，具体位置根据后期建筑的拆除情况及周边居民的生活需求进行选择。电线线路地下埋设，对已破损电箱进行维修和刷漆。同

时，在路侧绿化带中增加座椅和垃圾桶。

座椅和垃圾桶的生态性设计，主要从材料的使用周期和运输等方面考虑。首先在材料种类的选择上，最终选用塑木和花岗岩作为主要的材料。一方面，木材和石材属于自然材料，对周边的环境影响较小且容易获取，能降低材料运输造成的燃料资源浪费，提高后期组装的方便性。塑木主要由秸秆、木屑构成，无毒无害，耐热耐湿，耐酸抗腐，可完全回收利用。除此之外，木材和石材对使用者而言更显亲切，也更易使用和回收。但木材在使用过程中受环境的湿度和温度影响较大，长期暴露在户外环境中，也易腐蚀和破坏，因此在使用中，多搭配相应的防护漆一起使用，以延长其使用周期，实现材料的最大使用价值。

在外部造型上，以石材作为基底，木材作为装饰，加强公共设施的坚固性，以延长其使用周期，同时充分考虑人体工程学，座椅靠近人腿一侧，形成一定倾斜角度，保障使用者的使用舒适度。木材装饰部分抽取了“崇”字的变形简化符号，将其运用于垃圾桶和坐凳上面，以充分将崇州的文化融入其中，形成具有地域识别性的公共景观。在摆放方面，根据人们步行500～800 m就需要驻足休息的原理，结合路侧绿化带的实际情况，设置相应的座椅和垃圾桶。

4. 道路

本方案的道路主要包括机动车道、非机动车道、人行道、绿道，设计范围主要涉及人行道植物以及道路本身的设计。

（1）植物选种及配置。该部分的植物主要考虑人行道中行道树的选择。根据夏天提供树荫，冬天不遮挡阳光的原理以及高分支点的要求，最终选择常绿植物香樟和落叶植物黄葛树作为行道树，并交错种植，在冬季既保障了一定的绿量，又形成一定空间，让行人晒到阳光，如表4-4所示。为了便于人行穿越，采用穴式树池的形式，按6 m的间距均匀分布，树池内种植麦冬覆盖表土，可降低雨水对土壤的冲刷，避免地面径流现象加剧。

表4-4 晶蓝之带人行道植物选择表

植物类型	植物名称
乔木	香樟、黄葛树
灌木	麦冬

（2）道路坡度及材料。首先需要控制沿线道路竖向高度，使道路机动车道形成1.5%的横向坡度，以利于路面径流向两边汇合，降低路面的湿滑度，保障雨天交通安全。其次，为了降低地面径流，要增加车行道路和人行道路的透水性，主要从增加地面铺装材料的透水性和提高下垫面的渗水性两方面考虑。

①车行道路的铺装材料选用排水沥青路面，利用排水混合料和沥青混凝土，在保持道路使用性的前提下，最大限度利用现代新型材料，提高道路的渗透性。

②人行道路的铺装材料选用透水地砖，各个砖块之间保留了一定空隙，增加了地面径流下渗的空间。同时，为了提高径流下渗率，对世纪大道的铺装下垫面也进行了优化，剔除了原始混凝土下垫面，改用砂和碎石，提高下垫面径流的下渗率，降低径流的滞留时间。在人行道距离路侧绿化带 0.5 m 的地方设置宽 0.3 m 的盲道，注意在设置过程中要符合相关规范要求。

③绿道的铺装材料选用红色沥青混凝土，具有弹性好、防滑、吸收噪音的优势，且颜色持久，耐热耐磨，适宜用于户外跑道以及自行车道。本方案采用宽 3 m 的双 S 形绿道，为自行车和行人提供了多种选择，以减少车流与人流的冲突。同时红色路面与周边绿色植物形成颜色对比，为世纪大道增添了一抹亮色。

5. 驳岸

由于白马河流经世纪大道区域处于保护状态，此次设计中并未设置亲水设施，只是从景观以及生态的角度，对其进行改造设计。本次设计中，将白马河驳岸进行生态软化，打造为生态驳岸，实现驳岸与生态设计的结合。生态驳岸通常是指恢复后的自然河岸或具有可渗透性的人工驳岸，它可以实现河岸与河流水体之间的水分交换，为水生动植物营造稳定的栖息场所，并能提高水体的自净能力，在枯水期还能调节水位。设计范围内的白马河河岸土壤多为壤土，包含湿土、潮土、干土，周边用地多为农业用地，腹地范围较大，可以保留其自然状态，将其打造为自然原型驳岸。

设计中，首先排查了白马河周边是否存在污水排放口。其次，为了保障河岸的稳固性，河岸的倾斜角应该小于湿土的安息角 30°。因此，结合现状情况，将驳岸的倾斜角控制在 28°的范围以内，并播撒马尼拉草草种，利用植物根系固化驳岸。最后，整理现状植被，将枯死及断损的植被清理掉，补种乡土植被枫杨、垂柳、构树、水杉，在驳岸边种植水生植物，降低水流对驳岸的冲刷腐蚀，加强河道的净化能力，并为水中微生物提供养分和繁衍、栖息的场所，如表 4-5 所示。

表 4-5 晶蓝之带驳岸植物选择表

植物类型	植物名称
乔木	枫杨、垂柳、构树、水杉
灌木	夹竹桃、鸭脚木
花卉	玉簪
草本	马尼拉草、芭茅、菖蒲、慈姑、灯芯草、菱白、鸢尾、泽泻

6. 设计前后对比

如表 4-6 所示，我们可以看出，晶蓝之带在设计后，丰富了植物层次以及色彩，增强了对有害气体的吸收效果，进而提升了场地的观赏性和生态性。除此之外，增加了下凹绿地及植草沟等设施，改用排水沥青及透水装替代了原始混凝土及水泥砖，延长了道路的使用周期，并降低了道路的地面径流。同时，针对白马河的河岸，利用植物种植及河岸放坡的手法，提高了河岸的稳固性，为周边生物提供了繁衍栖息的场所。

表 4-6 世纪大道晶蓝之带景观设计前后对比表

设计项			设计前	设计后
植物	配置方式		乔木—灌木—草	乔木—亚乔木—灌木—亚灌木—花卉—草
	花期		春季、夏季、秋季	春季、夏季、秋季、冬季
	色彩		白色、粉色	白色、蓝色、黄色、红色
	功能		观赏、降尘降噪	观赏、水土保持、降尘降噪、吸收有害气体
低影响开发设施	类型		—	下凹绿地、生态植草沟
	性质		—	降低地面径流、雨水回收及存蓄、为植物提供水分
硬质材料	小品	类型	—	木材、石材
		性质	—	经济、运输便利、可回收、使用周期长
	铺装	类型	混凝土、水泥砖	排水沥青混凝土、透水砖
		性质	耐磨耐压	耐磨耐压、透水性高、降噪降尘
驳岸	类型		自然原型驳岸	自然原型驳岸（优化）
	性质		支撑、防冲刷	固岸保土、营造生物繁殖栖息的生境

（三）胭粉之带生态景观设计

胭粉之带全长 1530 m，位于世纪大道南半段。由于该段道路是主要的生活区域，周边住宅较多，因此胭粉之带的功能定位是降尘降噪，以提高和改善周边居民的生活环境为主旨。

胭粉之带衔接晶蓝之带，因此剖面形式要尽量与晶蓝之带统一。胭粉之带红线横向宽度为 80～180 m，双向六车道，主要由中央隔离带（8.5 m/12 m）、机动车道（15 m）、机非隔离带（4 m）、非机动车道（11.5 m）、人行道（3.5 m）、路侧绿化带（0～50 m）构成。结合世纪大道的现状，设计后的胭粉之带的典型剖面主要有 2 种。

胭粉之带以春粉秋黄为主题色彩，樱花、紫叶李、银杏是该段道路的主要乔木，如图 4-18 所示。同时，运用了大量降尘降噪作用的植物，如桂花、小叶女贞、海桐等。提质方式同晶蓝之带相同，增设了生态植草沟、下凹绿地，结合透水铺装、排水沥青，并衔接晶蓝之带的绿道，进行延伸。同时，也添置了座椅及垃圾桶，与晶蓝之带形成统一。

图 4-18　胭粉之带效果图

1. 中央隔离带

胭粉之带是以樱花、紫叶李、银杏、桂花、香樟为主要乔木的景观序列段，力图打造“春粉秋黄”的景观效果。胭粉之带和晶蓝之带在主要乔木的选择上多有重合，是为了保持世纪大道的整体性，在整体中寻求景观变化，又在变化中寻求统一。

（1）低影响开发设施。胭粉之带的中央隔离带宽度大多为 12 m，同晶蓝之带一样，在靠近街心花园的区域宽度缩减为 8.5 m。同样，在中央隔离带中设置宽 2 m、深 0.5 m 的下凹绿地，采用立路缘石，并进行豁口处理。

（2）植物选种及配置。胭粉之带的植物以降尘降噪功能为主，应选用叶量丰富的常绿植物，因而将常绿植物品种的配比提高至 32 %。为了达到春粉秋黄的效果，选用了樱花、紫叶李、银杏、桂花、香樟作为中央隔离带的骨干树种，再辅以开花植物六月雪、杜鹃、小叶栀子、玉簪、常夏石竹以及色叶植物红花檵木、金叶女贞等，将开花植物种类的配比提高至 53 %，最大限度延长道路的观赏时间。在胭粉之带的植物种类选择时，应挑选部分植物与晶蓝之带形成对照，以体现世纪大道的景观整体性。植物运用如表 4-7 所示。

表 4-7　胭粉之带中央隔离带植物选择表

植物类型	植物名称
乔木	桂花、香樟、银杏、紫叶李、樱花
灌木	海桐、红花橙木、金叶女贞、六月雪、小叶女贞、小叶栀子、南天竹
花卉	杜鹃、玉簪、常夏石竹
草本	马尼拉草、麦冬、白三叶

为了提高道路降尘降的功能，除了在树种选择上有要求，也需要植物采用“乔木—亚乔木—灌木—亚灌木—花卉—草”形式的复层种植，以增加单位体积的植物叶量，增加与噪音、尘土接触的表面积，进而达到降低噪音、滞留尘土的效果。

2. 机非隔离带

（1）低影响开发设施。胭粉之带的机非隔离带宽 4 m，延续晶蓝之带的生态植草沟设计。机非隔离带路缘石沿用豁口处理的手法。

（2）植物选种及配置。胭粉之带的机非隔离带以乔木为主，选用落叶植物紫叶李、樱花与常绿植物香樟进行搭配组合，并在下层空间配置常绿灌木小叶女贞、六月雪及季节性花卉玉答，提高单位体积内的叶量，呼应该路段降尘降噪的功能。在栽植过程中，仍遵守每隔 100 m 的距离铺设人行铺装的原则，与晶蓝之带形成对应。植物运用如表 4-8 所示。

表 4-8　晶蓝之带机非隔离带植物选择表

植物类型	植物名称
乔木	紫叶李、樱花、香樟
灌木	六月雪、小叶女贞
花卉	玉答
草本	马尼拉草、麦冬

3. 路侧绿化带

（1）低影响开发设施。胭粉之带的路侧绿化带宽度在 0～50 m 之间，同晶蓝之带的设计，路侧绿化带小于 3 m 时，堆坡形成微地形，而不种植高大树木。当路侧绿化带大于 3 m 时，根据场地宽度设置下凹绿地，并且为了实现土方平衡，应充分利用中央隔离带中修建下凹绿地挖出的土方量进行堆坡，保持 5 %的坡度，以利于排水。

（2）植物选种及配置。胭粉之带的路侧绿化带为了增添游览趣味，选用了枇杷、柑橘等春花秋果类树种以及桂花、梅花、蜡梅等芳香类树种，为周边生物提供了蜜源和果源。在乔木下层空间种植了大量灌木和花卉，以保障各个季节都能形成变化丰富的景观，为周边生物的活动提供了遮挡物。路侧绿化带外围群植栗树、水杉形成绿色屏障，降低道路对周边居民的影响。植物运用如表 4-9 所示。

表 4-9　胭粉之带路侧绿化带植物选择表

植物类型	植物名称
乔木	杜英、柑橘、天竺桂、楠木、碧桃、垂柳、枫杨、构树、国槐、鸡爪槭、蓝花楹、水杉、木芙蓉、石榴、栗树、梅花、泡桐、黄葛树、紫薇、桃树
灌木	夹竹桃、锦带花、鸭脚木、深山含笑、八角金盘、花叶艳山姜、八仙花、腊梅、贴梗海棠
花卉	矢车菊、玉簪
草本	马尼拉草、麦冬、白三叶、芭茅、菖蒲、慈姑、灯芯草、茭白、鸢尾、泽泻、紫鸭蹋草、葱兰、天竺葵

（3）公共设施。胭粉之带的公共设施改造参考晶蓝之带，主要是将电线线路进行地下埋设，对沿线电箱进行维修和刷漆，并沿绿道每隔 500～800 m 增加座椅和垃圾桶，满足行人休息的需求。

4. 道路

胭粉之带的道路具体设计参考晶蓝之带的道路设计。植物运用如表 4-10 所示。

表 4-10　胭粉之带人行道植物选择表

植物类型	植物名称
乔木	香樟、黄葛树
草本	麦冬

5. 驳岸

胭粉之带的驳岸设计采用了与晶蓝之带同样的手法，将河岸打造为自然原型驳岸，利用植物种植和河岸放坡的手法，提升了河岸的稳定性，为周边生物提供了适宜的繁衍及生存环境。

6. 设计前后对比

如表 4-11 所示，我们可以看出，胭粉之带在设计后，不仅丰富了植物层次和色彩，还弥补了设计前道路景观冬季无花可观的缺陷，并在主题颜色上与晶蓝之带形成视觉区别。同晶蓝之带一样，增加了下凹绿地及植草沟等设施，改用排水沥青及透水砖替代了原始混凝土及水泥砖，降低了道路的地面径流，对白马河河岸进行优化，保持其自然状态，做到少动甚至部分河岸不动，以保护原始生境，降低对周边生物的影响。

表 4-11　世纪大道胭粉之带景观设计前后对比表

设计项			设计前	设计后
植物	花期		春季、夏季、秋季	春季、夏季、秋季、冬季
	色彩		白色、粉色	白色、粉色、黄色、红色、紫色
	性质		观赏性	观赏性、生态性、地域性
低影响开发设施	类型		—	下凹绿地、生态植草沟
	性质		—	降低地面径流、雨水回收及存蓄、为植物提供水分
硬质材料	小品	类型	—	木材、石材
		性质	—	经济、运输便利、可回收、使用周期长
	铺装	类型	混凝土、水泥砖	排水沥青混凝土、透水砖
		性质	耐磨耐压	耐磨耐压、透水性高、降噪降尘
驳岸	类型		自然原型驳岸	自然原型驳岸（优化）
	性质		支撑、防冲刷	固岸保土、营造生物繁殖栖息的生境

（四）街心花园生态景观设计

1. 街心花园

植物街心花园设计面积为 39 800 m^2，位于世纪大道和金盆地大道的交会处，是世纪大道的重要景观节点和视觉焦点，因此其功能定位是文化展示。

因崇州的城市定位是“山水崇州”，因此在街心花园中融入山水文化，提取崇州自然界中的山石、瀑布等元素，辅以枯山水，打造美观、简洁且便于后期养护的街心景观。街心花园效果图如图 4-19 所示，对街心花园中西南位置的原始 LED 景墙进行保留，东北位置新增设文化景墙与之形成对景。文化景墙以浮雕的形式展示崇州本地的民风民俗，浮雕元素可选取金鸡风筝、道明竹编、龙灯、狮灯、牛灯等，进而对崇州文化起到宣传作用。在西北位置，设置了树阵广场，以满足人们户外休闲的需求。

图 4-19　街心花园效果图

（1）植物选种及配置。街心花园的主题色彩是黄色，为了保证行车视线，街心花园在靠近道路一侧多使用地被植物和低矮的灌木，如黄金菊、金叶女贞、一串红、春鹃等，构成弧线形图案，与世纪大道绿化带相呼应。街心花园外侧群植乡土植物楠木、水杉、栗树形成植物屏障，以降低对周边居民的生活干扰。本方案为了凸显街心花园的气势，在西南和东北的花坛内设置了立体花柱，以延伸竖向的视觉景观，增加景观的立体性和观赏性。中心花园植物在设计时，应满足道路交通要求，符合行车安全视距，世纪大道限速为 60 km/h，停车视距应为 75 m，在安全视距内不种植高大树木，以免遮挡行车视线。

（2）牌坊。牌坊位于街心花园与晶蓝之带的交叉处，是世纪大道的景观门户。牌坊整体造型来源于“崇”字，提取崇州传统特色建筑和新中式建筑符号，利用现代设计手法打造而成，如图 4-20 所示。利用飞翼寓意崇州如大鹏展翅般蓬勃发展；顶端造型演变自“崇”字的山字顶，既是“崇”字字形的深化，又是崇州山水文化符号的提炼，上升形的两端更是对崇州锐意进取、飞速向前的美好祝愿。匾额正面的字取自篆书“崇”的变形，也是牌坊的缩影，充分强调了文化符号，如图 4-21 所示。

图 4-20　“崇”字演变示意图

图 4-21　牌坊效果图

为了响应生态景观设计的口号，牌坊选材主要从使用周期和可塑性方面考虑。钢材属于循环材料，具有可回收性，且可塑性强，能满足牌坊的造型需求。使用时应喷涂环保防腐油漆，可以最大限度延长其使用期限，减少资源浪费，实现资源利用最大化。

(3) 道路铺装。街心花园道路铺装主要包括树阵广场的地面铺装、人行道的铺装、枯山水的砾石。树阵广场地面铺装主要从实用性和美观性考虑，最终选用了耐磨性较好的芝麻白花岗岩、芝麻灰花岗岩进行平面拼接。人行道参考晶蓝之带的设计，采用透水砖。枯山水采用直径在 20～30 mm 的白色砾石。

2. 设计前后对比

如表 4-12 所示，我们可以看出，街心花园设计后，场地的观赏性和生态性都得到了提高。区别于晶蓝之带和胭粉之带，场地材料使用更多，出于使用周期和景观需求，整个世纪大道中花岗岩、砾石的使用都主要集中在街心花园。此外，为了更好地表达其文化展示性，未在街心花园设置相关低影响开发设施。

表 4-12　世纪大道街心花园景观设计前后对比表

设计项			设计前	设计后
植物	配置方式		乔木—灌木—草	乔木—亚乔木—灌木—亚灌木—花卉—草
	花期		春季、夏季、秋季	春季、夏季、秋季、冬季
	色彩		白色、粉色	白色、粉色、黄色
	功能		观赏性	观赏性、生态性、地域性
低影响开发设施	类型		—	—
	性质		—	—
硬质材料	小品	类型	不锈钢	塑木、芝麻白花岗岩、芝麻灰花岗岩、白色砾石、不锈钢
		性质	观赏	经济、运输便利、可回收、使用周期长
	铺装	类型	混凝土、水泥砖	排水沥青混凝土、透水砖、黄岗岩
		性质	耐磨耐压	耐磨耐压、透水性高、降噪降尘

第五章　园林植物管理及病虫害防治研究

园林植物养护管理工作与生态系统密切相关，良好的园林工作不仅能够满足园林内部的经济和观赏目的，更有利于生态平衡，有利于科学研究和物种安全。所以，研究科学的园林植物养护管理措施以及园林植物病虫害的防治十分必要，能最大限度地促进植物生长，对珍稀植物进行保护和促进，提升园林的艺术设计水平，也是园林绿化养护的重要工作目标和宗旨。同时，在良好的园林工作基础上，还能进一步改善空气和生态环境，优化生态系统的运行，促进人与自然的和谐相处，能够为人类提供更加美好的生活环境。

第一节　园林植物养护管理

一、园林植物养护技术要点

（一）施肥

园林植物生长期间需要充足的水分以及无机盐等，但土壤中的养分有限，而运用施肥技术能够确保土壤内有满足绿色植物生长需要的养分。施肥过程中，应结合绿色植物特征来控制施肥距离，化肥与植物根系间距为 8～10 cm。施肥方法包括条施和穴施 2 种，施肥深度要超过 5 cm。避免施用过量化肥导致“烧苗”，对于生长较旺盛的植物应施用适量的钾肥、磷肥，对于生长较缓慢的植物应施入一定的速效氮肥。施肥时还应考虑环境因素，如及时清除植物周边杂草，及时排除积水，提高肥料的有效性①。

（二）灌溉

水分是植物生存不可或缺的，但土壤中可供植物吸收利用的水分十分有限，因此要及时为绿色植物提供充足水分，这也是养护工作的重要环节之一。目前，植物灌溉养护的技术主要有滴灌、喷灌、管灌等，各自均有不足和优势。比如喷灌的范围较大，但所需的水量也相对较多，为确保灌溉的有效性，可对大型草坪使用该技术。科学控制灌溉量和灌溉频率等是做好灌溉管理工作的重点，应详细考察绿色植物生长地区的气候和土壤等特点，根据苗木栽植的时间以及生长阶段来确定灌溉方案，确保灌溉频率和灌溉量能随着实际状

---

① 闫荣．园林绿化养护技术的要点及养护管理对策［J］．新商务周刊，2019（009）：74-75.

况变化做调整[①]。

（三）病虫害防治

常见的金叶女贞、红玫瑰、五叶地锦、黄刺梅、紫荆、紫薇、剑麻以及月季等植物极易发生煤污病，因此必须要注重对介壳虫、粉虱、红蜘蛛、蚜虫等虫害的治理，可以在冬天喷施3～5°Be石硫合剂，或在秋天和夏天时喷施代森按药剂400～750倍液进行防治。其中，月季长管蚜在每年的秋季和春季比较常见，严重影响植物的花蕾、新梢、花梗以及嫩叶，导致煤污病，防治前必须及时清除有虫枝条，使用灭蚜威、氧化乐果等药剂喷施[②]。

（四）修剪

通过修剪可以使植物呈现出多种造型，提升其观赏价值。科学合理的修剪并不会影响园林植物的生长，反而能确保植物生长旺盛和形态优美。修剪时间、所要修剪的造型等均是修剪过程中需重点关注的。具体修剪方案要结合植物生长特性、生长速率以及对光照的需求等来确定。比如白玉兰和樱花的愈合能力相对较弱，养护过程中就要避免经常修剪。园林绿化施工结束后，树苗一般不用修剪，等植物成年以后或具有一定形状后才可以进行修剪。

二、不同季节园林植物养护

（一）春季

春季气温回暖，土壤松动，是植物发芽生长的好季节。园林工作者要高度重视这一阶段的养护工作，协助植物生长。首先是要拆除冬季防寒措施，冬季的保护措施可能会抑制春季植物的正常发芽，必须及时拆除或改装。其次，园林工作人员应抓住时机，利用春季发芽生长期，予以适当的浇水、施肥，保证植物的营养需求，针对不同的植物及其不同的症状，选择合适的微量元素肥料，切忌肥料和水分过多，对植物生长产生不良影响。除此之外，春季良好的气候营养条件也为害虫生长提供了条件，常见的病虫害有白粉病、蚜虫等，养护工作要注意使用适当的、适量的除虫药剂，消灭病虫时，也要注意保护园林内植物的生长。最后，修剪也是春季园林绿化养护的重要工作。在植物生长时期及早对植物进行修剪，有利于植物后期形成良好的造型特色，同时减去不必要的乱枝，为植物核心部位提供更丰富的营养。

（二）夏季

夏季是一年中气温最高的时候，植物生长也处于一年中鼎盛时期，需要的水分也十分多，因而灌溉是夏季养护最重要的工作内容。一方面，植物内部水量需求大，需要工作人

---

① 张佳金．浅谈园林绿化养护技术的要点及养护管理的措施［J］．现代园艺，2019（005）：189-190.

② 周大钊．刍议园林绿化施工技术与养护管理［J］．现代物业：中旬刊，2018（10）：258-258.

员以根灌等方式保证植物系统内部使用；另一方面，强烈的日照导致蒸发量大，植物的花果、枝叶水分蒸发量大，严重者可能出现枯死、晒伤等情况，工作人员必须密切关注，采取滴灌、叶面喷灌等方式进行补水。还需注意的是，一些抗热性差的植物需要园林提供一定的遮阳措施对其进行保护。同时，园林地势低洼地区，夏季降水后容易积水，给植物带来涝灾，防水排水也是夏季园林养护的重要内容。此外，植物的除草问题也应重视。夏季为杂草的繁殖提供了条件，而杂草的生长夺取了园林植物生长的营养要素。繁殖能力强的草类更容易导致生态失衡。因此，及时遏制杂草生长，使用对应除草剂，早日提防其泛滥成灾，是夏季园林养护的必不可少策略。

（三）秋季

秋季天气逐渐转凉，降水量减少，大部分植物开始进入休眠状态。园林养护工作的重点应从辅助生长转换为加强保护。首先是为植物准备充足的水分和养料，在土地封冻前提供满足其休眠期的物质需求，对必要的植物施加有机肥料，确保其稳定度过寒冷期。其次，秋季大量植物枯萎，枯枝落叶多，适当的枯枝落叶能对植物起到御寒保护作用，但要注意预防火灾，且植物本身相对干脆，园林工作者必须加强巡逻，及时防范火灾风险。

（四）冬季

大部分植物冬季进入休眠期，冬季天气寒冷，园林绿化养护中最重要的就是做好御寒防护工作。首先，初冬时期要及时对不耐寒的植物包裹防寒物，如树干主枝包裹刷防寒灰、缠绕相应防寒胶布、防寒海绵等。还可以对一些植物搭建相关的防寒防雪防风暴设施。其次，冬季养护还要对越冬虫害多加注意，可以通过刮树皮和挖蛹虫等方式消灭害虫，有需要的植物也可以在冬天使用以养护功能为主肥料进行施肥，以增强来年春天的肥力，助力生长。最后，延续秋天的防火灾工作，密切重视园林内的火源情况，并及时予以消除。园林工作人员可利用冬季闲暇时间，对园林工作进行总结，清洗、维修养护机器、清除园林死树及枯枝落叶等。此外，也要将工作重点聚焦于园林绿化养护创意上，设计更多绿化方案和造型，提高园林的观赏价值和经济价值。

三、园林植物养护管理策略

（一）引入先进的养护技术

当前，我国植物养护水平与发达国家相比仍存在一定差距，因此要不断创新、科学引入先进的管理技术以及养护技术等，以保障我国园林绿化的持续健康发展。有关职能管理部门也要制定完善健全的养护制度，指导相关养护工作人员科学地开展工作，从而进一步提高园林绿化实际养护效果①。

① 周鑫．刍议园林绿化养护管理在园林绿化工程中的重要性［J］．百科论坛电子杂志，2019，(004)：67-68.

（二）加大宣传力度

有关职能部门要高度关注和重视园林绿化工作，加大宣传力度，广泛普及园林绿化维护知识，使公众形成较好的园林保护意识，爱护环境，不损坏花草树木①。

（三）组建专业团队

现有的园林养护工作人员专业能力参差不齐，养护工作质量不高，因此要组建一支责任心较强且专业能力过硬的养护团队，为园林养护奠定良好基础。一方面可通过招聘引进理论知识及养护管理经验丰富的养护者；另一方面，对新招聘的以及现有的工作人员进行系统性、针对性的技能培训，使其了解工作需求、掌握养护技术，从而提升其责任意识。同时，可以定期邀请相关专家为养护团队讲授园林养护技术，为养护专家与养护工作者提供良好的沟通交流渠道，以充分提升现有养护团队的素养以及养护能力。此外，园林养护工作人员的责任心和工作态度也会影响最终的养护效果，因此要培养每一位养护工作人员的职业素养以及责任意识，使其意识到养护管理工作的重要性，从而以积极的心态来开展养护工作②。

（四）做好再植和修复

栽植好植物以后，要随时检查植物生长情况，并及时清除死亡植株，提升园林景观的美观和协调感，保证最终的园林景观效果。当植株发生病虫害时，要及时选择化学、物理或生物措施进行防治，其中生物防治效果较好且污染小，基本不会对周围环境造成影响。

四、园林植物养护管理意义

首先，对植物本身而言，加强植物保护有利于促进植物生长。对园林而言，良好的养护和绿化效果能够吸引更多游客，提升园林的经济价值，也有利于形成良好的社会效应。

其次，对一个地区而言，加强园林养护绿化有利于修复生态失衡，改善生态环境，促进植物的繁盛发展，改善人民的生活环境。对国家而言，良好的生态环境和物种保护工作能够保证国家的物种安全，同时为世界生物库和植物保护提供帮助和支持，为人类世界的延续做好必要的工作。

综上所述，园林植物养护管理具有十分重要的意义，工作人员应掌握养护的技术要点，更要重视不同季节的园林绿化养护工作，提升保护植物的质量，为植物营造一个良好的生存环境。为进一步促进植物保护和园林发展，相关园林植物工作者应不断加强科学研究，增加实战经验，深入园林保护绿化一线，寻找更多有针对性的可行方法，完善当前园林植物保护工作存在的空白和不足之处。

---

① 袁晶晔．浅析园林绿化养护技术的要点及养护管理措施［J］．科技创新导报，2019，016（003）：143-144.

② 孙忠道．园林绿化养护技术要点与养护管理措施的探讨［J］．现代园艺，2020，419（23）：207-208.

第二节　园林植物病虫害的发生

一、园林植物病害与虫害发生规律

（一）病害发生规律

1. 大叶黄杨白粉病

大叶黄杨白粉病发病高峰期为 4～6 月。进入雨季后，由于雨水的冲刷，白粉病的发病程度暂时得到缓解。但如果雨后不能及时治疗，病情会更严重，严重时整个病斑会变成黄褐色。该病的主要环境条件是通风不良、种植密度过高等。不合理的配置环境和配置方式也是白粉病发生的重要原因。与其他疾病相比，白粉病是最严重的疾病之一，它可以传播到其他植物种类并引起其他植物疾病。此外，粗放的管理和不科学的防控也是白粉病大规模发生的原因。因此，防治黄杨白粉病，首先要在绿地上合理配置，要为植物提供一个阳光充足、通风良好的环境，避免低洼潮湿和树冠，雨后及时排水；其次，要推进易感期化学制剂的预防和发病期合理用药的防治。

2. 紫薇白粉病

紫薇白粉病在园林绿地中也比较常见。它的主要危害是紫薇的叶子，。幼叶更容易受到伤害，也会伤害枝条、花蕾和嫩枝。发病时间为 4～11 月。该病是一种多病程的疾病，一年内可多次侵染植物。它开始出现在 4 月多的园林绿地，春夏季进入严重期，7～8 月缓解，10 月中旬进入高峰。此外，种植密度高、通风透光性差、过量施用氮肥、潮湿多雨的环境等也会导致植物严重过生长。因此，造成该病的主要原因是冠层过长、光照不足和管理疏忽导致植株抗病性下降。针对紫薇白粉病的防治，首先要加强养护管理，不宜过于密植，及时修剪，保证通风透光，增强树势，提高抗病性。其次，在种植设计之初，根据植物的生态习性进行种植安排也非常重要。在绿地或组团种植时，必须控制好种植密度，避免树冠和渗透性差。

3. 紫薇煤污病

此病害主要侵害部位为紫薇的叶片和枝条（多发生在当年枝条），其主要危害特征是在叶片上有黑色煤粉层，妨碍植物的呼吸作用，从而导致植物提前落叶，影响植物的正常生长，植物的观赏效果大大降低。煤污病的发生与蚜虫有着密切关系，紫薇长斑蚜和紫薇绒蚧排泄的黏液会为煤污病的病原菌提供营养，在蚜虫害危害后，有利于煤污病发生。此病害发生期为 4～10 月，紫薇绒蚧和紫薇长斑蚜在 6～8 月是危害高峰期，此时的气温较高、雨水较多、空气湿度大等环境因素也有利于病害的发生，所以在 9～10 月是紫薇煤污病的高发期。在春季气温回升时，越冬菌丝开始发育，春季 3～4 月也是煤污病的高发期。

在园林植物造景的过程中往往只注重种植效果，忽视种植结构的合理性。丛生紫薇在种植时密度过高，虽然紫薇花开色泽艳丽，观赏效果极佳，但也极易导致紫薇煤污病的传播。针对紫薇煤污病的防治首先要加强管理，浇水施肥要适量，科学修剪过密枝条，保持通风透气，改善生长小环境，以避免煤污病的发生。在防治紫薇煤污病的同时要做好对紫薇绒绒蚧和蚜虫的防治。

4. 碧桃流胶病

流胶病主要危害碧桃、合欢、雪松等，主要危害部位是植株的茎部和主枝，其症状是在树的枝、干、新梢上出现流胶现象，树龄大的碧桃危害较树龄小的流胶现象严重。病害严重期，树皮变成褐色并逐渐腐烂，植株生长势逐渐变弱，严重时植株干枯死亡。流胶病发生期为3～11月，发病高发期为5～6月，9月下旬后由于气温下降，此病害危害延缓。土壤偏碱、土壤黏重、栽植过深、地势低洼、树体衰弱是此病害多发的主要环境条件。此外，从业人员缺乏相关专业知识、多数相关单位的不重视也是发病的重要原因之一。针对碧桃流胶病的防治，首先应加强栽培管理，合理浇水，及时松土除草；其次，在发芽前后刮除病斑，然后涂抹杀菌剂，杀灭病菌，减少侵染源。

5. 雪松针枯病

针枯病主要危害雪松、油松等植物，其危害主要部位是针形叶，在污染比较严重的地方，此病害现象尤为明显。其发病期为4～10月，发病严重期为6～8月，空气湿度大，土壤板结、空气污染严重、树木生长衰弱均会导致此病害的发生。多数绿化从业者并不知晓此病害的发生原因，认为是由于缺失某种元素或者冻害而造成的，从业者的不专业也造成了防治病害的延误。针对雪松针枯病的防治首先加强管理，科学修剪，提高植物抗病力，发现松针枯病后，应将病害侵害的部位剪除并集中清理，同时在春季修剪过密枝条，保证通风透光。其次，应提前开展预防治理工作，每年全面喷一次杀菌剂是防治松针枯病的有效措施。

（二）虫害发生规律

1. 月季长管蚜

月季长管蚜危害范围广，会造成煤炭污染的发生，甚至导致植物死亡。在园林植物中，主要危害为玫瑰，其次是桃树、榆树等园林植物，是园林绿地中的一种严重害虫。损失期为4～10月，从4月上旬开始，5月中旬达到高峰。7～8月，由于气温高，昆虫生长不好，危害条件下降，9～10月又进入高峰期。春秋两季气候温暖干燥，有利于蚜虫生长繁殖，容易造成严重危害。在绿化带内，种植密度过大、修剪过少也会导致此虫害发生。目前，蚜虫防治仍采用氧化乐果、敌敌畏等老农药，防治方法相对单一落后，病虫害防治效果持续下降。因此，加强冬季修剪、烧茎除虫是防治蚜虫的重要措施。

2. 光肩星天牛

光肩星天牛是园林中危害最严重的害虫，主要危害垂柳、梧桐、杨树等，害虫发生期为4～11月，其中6～7月为成虫高峰期，在垂柳密植区害虫严重。光肩星天牛是二化螟最严重的害虫，也是最难控制的害虫，很难做到定期监测、提前预报、积极防治，往往导致防治工作陷入被动局面，不仅浪费人力物力，而且严重制约了造林和生态环境建设进程。园内种植的大量杨树、柳树等树木易受天牛危害，因此，在选择栽植时，不得移栽有病虫害的苗木。栽植前，应按照植保检疫的原则，精心选种苗木，对有或可能有病虫害的树木，应予以淘汰，从源头上控制病虫害的发生。此外，还要加强水肥管理，精心养护，定期修剪枝干，减少虫卵产卵量，清理虫害侵害的枝干，集中销毁，彻底消除天牛的来源。

3. 朝鲜球坚蚜

公园、游乐园和居民区常见的植物种类有杏、桃、李、秋海棠等。该病可持续数月，一般发生在3～10月，其中4～6月为虫害高发期，6月中旬为孵化高发期，9月下旬蜕皮一次，然后进入冬季。种植密度大、品种单一、通风透气性差等环境均容易导致害虫的发生。因此，对此虫害的防治，首要任务是加强栽培管理，科学施肥，定期浇水，及时修剪除害枝，使其生长环境通风透明，提高树木的抗虫性。

4. 栾多态毛蚜

栾多态毛蚜是一种较难控制的害虫，因为它对栗树有害，在公园、园林、居民区和主要道路上有广泛的危害。害虫的发生期为3～10月，其中4～6月和9～10月为高发期，其繁殖速度快。栗树多作为行道树使用，外形高大，管理难度大。空气湿度大、通风透光性差、种植密度大、管理措施不到位等都会导致此病虫害的发生，应进行综合防治。此外，许多板园林仍使用“敌敌畏、氧化乐果”等传统化学物质节约成本，既不能有效控制害虫的蔓延，又造成极大的环境污染。目前市场上新农药品种较多，对环境污染较小，因此及时高效低毒地应用新农药显得尤为重要。根据虫害在绿地上的发生规律，与其他防治措施相比，搞好栽培、养护、合理修剪同样重要。

5. 红蜘蛛

红蜘蛛对秋海棠、苹果等园林植物的叶子有害，在果树较多的公园和居民区可以观察到。通风不良、空气湿度大有利于该害虫的发生。近年来，红蜘蛛对园林植物危害严重。其发生期为4～10月。5～8月是高发期，特别是6月下旬到7月上旬。如果天气温度高于25 ℃，天气干燥，害虫繁殖速度会很快，如果天气严重，整株树的叶子都会枯黄。6～7月是预防蜘蛛的最佳时间。应在干旱天气期间，要及时定期给叶片浇水，补充红蜘蛛为害和干旱造成的水分损失。栽培养护方面，及时清理病虫害枯枝落叶，同时加强巡回检查，一旦发现害虫，应采取相应的防治措施。

6. 紫薇绒蚜

在园林植物中，紫薇吸浆虫主要危害紫薇和石榴。紫薇蠓广泛分布于大型公园和游乐园。种植密度高、透光性差等环境会导致害虫的发生。若虫孵化的发生期为 3～10 月，6～9 月为若虫孵化的高发期。紫薇吸浆虫在温暖潮湿的环境中繁殖速度较快，高温干旱不利于其生长发育。大部分绿化工作者对该虫的发病规律不了解，不能按照发展规律进行控制，也不能做到预防为主，因此专业的绿化知识和基本的虫害发生规律对绿化工作者非常重要。针对紫薇吸浆虫的防治，首先在栽培和养护方面，可以用硬毛刷将浅白色的蜡壳刷掉，所有若虫都可以从树体上刷下来，没有寄主植物害虫就无法生存。除此之外，还可以通过修剪及时除去昆虫的枝干。其次，在化学防治方面，化学物质很难直接与昆虫体接触，因此必须使用吸收或渗透性强的农药进行防治。

7. 洋白蜡卷叶绵蚜

洋白蜡卷叶绵蚜最早是在北京延庆发现的，是近年来在我国迅速蔓延的一种外来森林害虫，只在美国的灰树中发现。2014 年，它也出现在宁夏，对当地苗圃地造成了严重危害。蚜虫只生活在树上，身长小于 3 mm，被白色蜡丝覆盖，很容易辨认；其显著特点是翅蚜触角第六节的基部有 1～5 个二级感觉圈，二级感觉圈的形状与以前不同部分。当地灰树上的绵蚜种类只在灰树上产生翅蚜，体长大于 3 mm，翅蚜触角上的二级感觉圈数量较多，第六节没有二级感觉圈，从生物学角度可以区分，蚜虫触角第二感觉环的体长和形态特征。

子叶中有 100 多种蚜虫，子叶中有大量蚜虫分泌的蜜露。当害虫严重时，大多数蚜虫的蜡丝上都会形成球形的蜜露滴。通常在 5～10 月发现。9 月中旬以后，这种害虫的发病率会有所下降。由于灰蚜卷曲叶中害虫的发生，化学喷雾很难直接接触或熏蒸害虫。因此，应提前做好预防措施。

8. 月季切叶蜂

月季切叶蜂是食叶害虫中危害最严重的一种，其主要危害蔷薇科等植物，大部分发生在公园、居民区和其他地区。发病期为 4～11 月，其中 4～5 月和 7～10 月为高峰期。种植密度大、种植品种单一、忽视管理等会造成该害虫的蔓延。因此，冬春两季可翻耕还土，破坏叶蜂越冬场所，减少明年叶蜂的发生。在化学控制上，需要交替使用化学物质以避免抗虫。

9. 蛴螬

蛴螬是金龟子或甲虫的幼虫，俗称鸡甲虫等，成虫俗称金龟子或甲虫，其发生率高于其他地下害虫。它以草根为食，造成草坪大面积死亡，大大降低了草坪的观赏效果。发生期为 4 月至 10 月，8 月至 10 月为虫害高峰期。蛴螬有装死、远离光源的习惯，容易发酵粪便。蛴螬的活动范围仅限于地下，其活动深度与土壤温湿度密切相关。昆虫病原线虫作为一种生物防治因子，对蛴螬有较好的防治效果。在美国、加拿大等发达国家，昆虫病原线虫的生产和应用技术已达到领先水平，并应用于生产和生活。在我国，广东省昆虫研究所还可以进行昆虫病原线虫的商业批量生产。目前已在高尔夫球场成功地对蛴螬进行了控制试验，取得了良好的控制效果。因此，园林相关人员应加快新技术的研究和开发。

二、园林植物病虫害发生的特点

园林植物种类繁多，生活环境复杂多变，园林植物病虫害的发生具有多样性、隐藏性、突发性、灾害性、不可预见性等特点。

（一）多样性

现今城市里强调生态系统物种多样性的营造，在植物设计与配置上，合理搭配不同类型植物，丰富的植物组成方式为园林植物病虫害的发生提供了丰富的食源或寄主，造成园林植物病虫害种类、结构复杂、多样。同种植物可能遭受不同虫害的危害，同种虫害也可能危害不同的植物，造成园林植物病虫害危害情况复杂多样。

（二）隐蔽性

园林植物病虫害具有一定的隐蔽性，有的病虫害可以通过植物的叶片、叶色等体现出来，有的病虫害并不在植物体表面显现出来，而表现在叶子背面、枝干内，在病害初期，园林养护管理人员难以及时发现，而等发现时已造成植株受损、破坏甚至死亡。

（三）突发性

园林植物病害发病时间具有规律性，但短时间内空气潮湿、通风不良、施肥不当、后期养护不当、土壤排水不良等都容易导致植物病虫害的突发。如月季、蔷薇、玫瑰等植物在湿度大、土壤施肥偏氮的情况，容易造成月季白粉病的发生。

（四）灾害性

园林生态环境因形成时间比较短而十分脆弱，易受到病虫害的影响，不但影响植物的美观性，而且危害植物的嫩梢、叶、果、根等的生长态势，严重的还会导致植株死亡。园林绿地植物品种比较单一，一旦爆发病虫害，虫口迅速蔓延，波及周围植物，给病虫害的防治工作带来重重困难。

（五）不可预见性

园林植物病虫害具有不可预见性，不同植物病虫害发生具有规律性，但是当病虫害发生远迁、外界环境的变化或人为因素等，会造成植物病虫害发生情况更为复杂，有的植物可能会遭受不可预见的虫害危害，或遭受虫害的不可预见危害程度。

三、园林植物病虫害发生的原因

园林植物病虫害的发生原因很复杂，受时间、地点、配置方式、周围环境、管理措施

等因素的影响。因此，园林植物病虫害的发生规律和原因具有一定的地域特征。现阶段园林植物病虫害普遍有以下几个原因：

（一）园林植物种植结构不合理

植物种植结构不科学是病虫害发生的重要因素。如今无论是公园绿地还是居民区绿地，为达到快速的绿化效果，种植初期都会使植物种植密度过高，但随着时间的推移，植物生长过程中造成光照不足、通风不良、植株徒长、随之树势衰弱，抵抗力差从而导致病虫害的发生。如白粉病、紫薇煤污病、紫薇白粉病等的发生与栽植过密、通风不良有直接关系。此外，植物配置不合理也是病虫害发生的重要因素。园林树种大多为阳性树种，而园林绿地中普遍存在阳性树种配置在隐蔽环境的情况，不适宜的生长环境势必造成植株生长不良、抗性减弱而引起病虫害的发生和蔓延，如紫薇白粉病、大叶黄杨白粉病、紫薇煤污病等。除此之外，病虫害与其寄主在长期进化过程中形成了相对稳定的进化关系，现在多数绿化种植中人们只注重后期观赏效果，忽视种植结构合理性的重要性。

植物群落种植结构对园林植物病虫害的发生有着重要影响，尤其是在城市里对景观营造急于求成，在种植时只注重前期验收效果，忽视植物后期成长空间，植物种植初期的密度往往过大，随着植物的生长，生态位、生存空间竞争激烈，群落结构内部光照不足、通风不良，导致植物生长衰弱，抵抗力差，病虫害的发生频率增加。

除此之外，很多造园者本身对植物绿化的配置也不是很了解，不合规范地将多种植物种植在一起，更加容易导致植物病虫害的发生，且在发生之后又没有一系列的措施补救，从而导致校园植物不正常生长甚至死亡。随着植物的生长，部分阳性树种如小乔木、灌木生长在荫蔽的环境中，造成植物生长羸弱，抗病性差，植物病虫害发生频繁，如煤污病、白粉病的发生与植物生长态、抗病性息息相关，紫薇长斑蚜在植物群落配置复杂的空间内发生频繁。

（二）城市环境的复杂多变和污染严重

随着我国科学技术、社会经济等快速发展，工业化、城镇化的快速推进，人口密度也随之加大，导致空气污染非常严重，空气中复杂的有害气体对园林植物病虫害的发生有着直接的影响。植物病虫害在通风透气性差、生长环境狭小、人为因素干扰等环境下，危害情况更普遍且更严重，这些危害具有隐蔽性、快速性、预见性、突发性和灾害性等特点。如在浙江大学玉泉校区道路两侧的樱花樱花根癌病严重，在环境污染严重的地方（如工业区），紫荆、悬铃木、桂花、红叶李上黄刺蛾发生普遍。

多数园林植物分布在城市的公园、街道两侧、居住区附属绿地等位置显著地段，特别是在工业区，小环境比较脆弱，为植物病虫害的发生提供了有利的条件，在其特定小环境下发生小范围的病虫害非常普遍。工业区中杨树和柳树树皮腐烂病相对于其他区域较严重，松树针枯病也相对严重，由于得不到及时防治，病虫害亦得不到有效的治理。病虫害一旦发生，向外传播范围非常广泛，扩散速度快，侵害植物种类较多，对园林植物造成不可估计损害。多数栽植的园林植物在当地经过长期种植培育，自身抗病虫能力减弱，同时由于其一直生长在相对稳定的生态环境下，非常容易受到侵害。

（三）管理粗放及防治工作滞后

园区绿化养护管理人员缺乏植物病虫害预防意识，忽略病虫害危害后果，只是简单地替换病害植物，这给绿化养护造成了很大的经济损失。园林植物管理粗放，大部分的植物都任由其自由生长，导致部分绿地杂草丛生，植株内部郁闭引发大叶黄杨白粉病、月季长管蚜等病虫害的猖獗。对园林植物的粗放管理和放任生长在绿地中普遍存在，这也是引起病虫害的主要原因之一。多种病虫害都是由于管理粗放造成植株株型散乱、郁闭、植株徒长而引起的，如紫薇煤污病、大叶黄杨白粉病、碧桃流胶病、雪松针枯病、月季长管蚜、洋白蜡卷叶绵蚜、红蜘蛛、蛴螬等，且因防治不及时造成病害严重。此外，因绿地类型不同其管理上存在着很大差距。公园及公共绿地由园林部门直接管理，防治措施相对规范，而大部分企事业单位和居住区绿地由物业公司负责管理，绿化管理粗放，不能按病虫害防治的操作规程进行管理，且管理过于混乱、松散、职责不明确、养护机制不灵活，致使养护管理工作严重滞后。

由于相关部门缺少对主要病虫害全面的研讨分析，没有了解其发生规律、分布规律等，目前大多地方病虫害治理工作方面侧重于治，对防范没有给予高度重视。同时，由于缺乏专业知识和专业的设备、仪器，防治手段单一，防治方法落后等造成病虫害的防治效果日益下降，也对城市生态环境造成了严重的污染。

（四）不合理的引种导致外来病虫害入侵

一般而言，植物病虫害活动范围受地域的影响，但近些年为了满足城市绿地空间的美化需要，大量外地的名贵植物被引种，这些植物没有经过检验检疫就直接引种，造成外来物种上的植物病虫害因没有天敌很快传播。

洋白蜡卷叶绵蚜是2013—2014年期间在我国北京延庆首次发现，对我国来说这是一个新记录种。其生长速度快、繁殖数量大，并分泌出大量的蜜露，被其危害后，洋白蜡叶片下垂，严重影响了其观赏效果。一般而言，在自然生态环境下，植物病虫害分布的显著特征是区域性。随着城市绿化建设的发展，大量外地树种被引种种植，经常性的运转以及交换苗木在一定程度上为外来病虫害的扩散提供了渠道，使一些外来病虫害在本地区传播开来，使病虫害的种类更为多样，数量更多。因为这些没有病虫检疫的外来树种的传入，而本地没有其天敌或新的天敌尚不能马上繁殖适应本地生活环境，所以引进的这些园林植物病虫害比本地原有病虫害具有加倍的危害性，其一旦发生更加猖獗。当这些外来植物发生病虫害时，由于对病虫害的生态习性不了解，导致病虫害防治不到位，继而引起病虫害蔓延。同时，人类生活不断地影响园林植物的正常生长繁殖环境，使园林植物的生长生态

环境发生变化，在一定程度上也影响病虫害的发生。此外，相关绿化养护管理措施不及时也会造成植物的生长环境更加恶劣，使益虫的数量日益减少、植物对病虫害的抗性变弱，进一步导致园林病虫害的防治工作更是难上加难。

（五）病虫害防治措施不当

由于园林植物种类不同，病虫害类型也不同，但相关部门对主要病虫害的发生规律了解少，部分病虫害发生较隐蔽，很难及时发现，而等发现时危害已经很严重。目前，园林植物病虫害主要通过杀虫剂等化学药物进行防治，虽然短期内病虫害治疗效果明显，但长期使用会使害虫和病菌产生抗药性，造成病虫害防治越来越困难，同时也易引起人员中毒、环境污染等。

四、园林植物病虫害防治存在的问题

（一）园林植保人员环保意识淡薄

人们普遍认为绿化就是简单的树木和花卉种植，仅起到美化环境的作用。因为人们只看到美丽的公园、花卉，很少有人会去注意植物的防护，甚至有些相关部门对于园林的绿化都不够重视，对园林绿化投入的人力和财力都过少。园林管理人员一般都不具有专业的园林植物养护管理知识，聘请的养护人员大都是没有经过专门训练的临时工，缺乏有关园林植物病虫害的习性、发生规律等知识，因此经常发生认错病害、虫害种类，用错杀虫剂等关于农药类的事件，且环保意识不高，一味地采用高浓度的农药来控制害虫。

（二）片面注重病虫害防治成效

园林植物病虫害的防治，以往的做法就是对症下药，而不注意用药的时间、毒性，只想立刻把害虫消灭，导致农药的残留严重，危害土壤、水源、空气，而且过于依赖农药，更容易导致病虫抗药性越来越强。

（三）病虫害防治公共意识淡薄

病虫害的防治关乎城市里每个人的生存环境，是每个公民的责任。但是投入到城市里的检测工具、防治材料会遭受不同原因的破坏、丢失，对实验数据统计造成困难。在药物防治时，市民普遍反映气味难闻，无法理解相关部门的目的、措施等，因而抱怨、投诉甚至破坏防治设备，病虫害防治的公共意识淡薄。

第三节　园林植物病虫害的防治

一、植物病虫害的防治方式

（一）化学防治

化学防治是指使用杀虫剂、杀菌剂、杀螨剂、杀鼠剂等化学药剂对病虫、杂草和鼠类的危害进行防治。优点是方法简便，效果明显，且不受地域性和季节性限制，但长期使用性质稳定的化学农药会增强某些病虫害的抗药性，降低防治效果，并且会污染生态环境。

（二）生物防治

生物防治是指利用生物物种间的相互关系，以一种或一类生物抑制另一种或另一类生物的方法。最大优点是不污染环境，可以分为以虫治虫、以鸟治虫和以菌治虫三大类。

（三）物理机械防治

物理机械防治指利用物理因子或机械作用对有害生物生长、发育、繁殖等的干扰，以防治植物病虫害的方法。物理因子包括光、电、声、温度、放射能、激光、红外线辐射等；机械作用包括人力扑打、使用简单的器具器械装置，以及应用近代化的机具设备等。这类防治方法可用于有害生物大量发生之前，或作为有害生物已经大量造成危害时的急救措施。

二、植物病虫害的防治措施

目前对园林植物病虫害的防治主要采用化学防治和物理防治措施，可采用“预防为主，综合治理”的防治方针，主要的防治方法有植物检疫、栽培养护防治法、物理机械防治法、化学防治法、生物防治法，从植物种植到植物生长全阶段跟踪防治植物病虫害，多种措施综合防治，尽量减少和合理使用农药，保护有害生物的天敌，利用天敌来有效地防治病虫，保护环境，保持生态均衡，加强园林植物病虫害预防与治理。

（一）病虫害常规防治措施

园林植物病虫害防治手法多样，病虫害常规防治措施可从建立病虫害预警防控网络体系、植物检疫、栽培养护防治法、物理机械防治法、化学防治法、生物防治法等方面着手，采用多种方法综合防治，多途径减少或消灭虫害，减少农药的使用。如蚜虫在生物防治方面，可使用白僵菌、绿僵菌等病原真菌，也可引入蚜虫的天敌，如瓢虫、草蛉、食蚜蝇、花蝽、茧蜂等。同时，配合使用杀虫谱光，蚜虫防治效果明显。

1. 建立病虫害预警防控网络体系

为了更好地防治病虫害，建立病虫害预警防控网络系统迫在眉睫。须加强病虫害发生预测预报能力，以专业科研机构为核心，在全市逐步建立病虫害防控监测点，将园林病虫害发生控制在初期。

2. 植物检疫

有少部分地方会选用一些较新兴的苗木，这些木苗大都是从外地采购，很少进行检疫检验，这给病虫害的入侵留下了机会。因此，园林绿化设计与养护管理部门应严格控制苗木引入和输出，优先选用乡土树种，从源头上截断病虫害跨地区传播。当地相关部门应加强检疫外来苗木，一旦发现病株应立即清除病虫害，严重的应销毁整株苗木，尽量避免如介壳虫、天牛类、甲虫类的幼虫或成虫随苗木调运进行远距离传播。

3. 栽培养护防治法

栽培养护防治法就是通过改进栽培技术，改变环境条件，使之不利于病虫害的发生与发展，而有利于植物本身的生产发育，主要包括选育抗病虫良种、合理轮作间作、加强养护管理等。

（1）植物种类选择要求。在植物种类选择方面，选育抗病虫良种，选择长势良好的植株，弃用长势羸弱的植株。在植物造景效果确定的前提下，优先选用抗病性强的植株品种。如桂花褐斑病常见于金桂、银桂、水蜡等木犀科观赏植物，发病后可使叶片产生大片病斑，但丹桂比金桂、银桂抗病性强，应优先选用丹桂。

（2）植物群落配置要求。为了减少锈病的发生，在植物种植设计时就应避免海棠与桧柏类植物近距离种植，铲除锈病的中间寄主。不过作为园林绿化，也不可能因为锈病而不规划桧柏类植物或者海棠和梨树等植物的定植。所以当海棠周围有中间寄主桧柏类植物定植时，必须强化有效的强化防治措施，减少或者避免海棠锈病的出现。网蝽一般危害杜鹃、海棠、樱花等，栽培上可以将植物栽植在阴凉处，可以减少虫害。一般说来，混交林比纯林受害虫影响较轻，在植物群落配植时，加强不同结构类型的植物群落配植，园圃实行轮作、间作，对食性比较单一的害虫防治效果更好。

（3）加强园林管理。加强养护管理，提高植株自身的生长势，对园林植物病虫害的防治有着重要作用。在日常养护管理时，整形修剪、深耕翻土、合理施肥、及时清除植株周围的杂草，可有效减少夜蛾的虫源，而天蛾的幼虫较大，易被发现，可以人工摘除。同时，要进一步分析部分虫害的发生规律，通过改善环境来减少病虫害的发生。如因大棚和阳光房等封闭空间内通风不良，植物易遭受粉虱类害虫的危害，可以通过改善大棚的通风环境有效地驱赶粉虱。当发现个别枝、叶有害虫，立即剪除虫枝或刮除，集中销毁；此外，冬季要及时清理枯枝落叶、清扫园圃，以有效地杀灭越冬的虫态，涂白树干，可防止天牛产卵。

4. 物理机械防治法

物理防治虫害不会产生虫害抗性，更不会污染环境，还能在短时间内较快地降低虫害的数量，效果优良。最好使用物理方法防治虫害，常用的措施有诱杀、捕杀、热处理法等。

（1）诱杀。通过对害虫趋性的了解，利用灯光、有色纸板引诱害虫集中消灭，这种方法对人们影响较小。如放置全自动的害虫诱杀灯，诱杀多种园林害虫，特别对鳞翅目的夜蛾、螟蛾效果显著，而且对雌虫的诱杀效果要优于雄虫，对控制害虫的数量十分有利，且对鞘翅目天牛、叶甲、金龟子也有良好的诱杀作用，对害虫的天敌伤害较小。如在每年的3月蚜虫发生初期，悬挂带黏性的黄厚纸板或涂有机油或捕鼠胶的薄形塑料板进行诱杀蚜虫、白粉虱；白色或银色的光对部分虫害有驱赶性，可利用银白色锡纸的反光性能驱赶迁飞的蚜虫。部分虫害对紫外光有趋性，夜晚可采用黑光灯诱杀，如叶蝉、刺蛾、夜蛾、毒蛾类。天蛾有趋光性，羽化盛期可以利用新型高压灯诱杀成虫。诱杀属于无污染的保护园林植物的方法，值得在园林植物害虫防治工作中推广，常用的植物诱杀虫害方法如表5-1所示。

表5-1　植物诱杀虫害方法

虫害类型	虫害名称	物理机械防止措施
刺吸式害虫	蚜虫	黄色板诱杀；银白色锡纸的反光性能
	叶蝉	黑光灯进行诱杀
	白粉虱	黄色板诱杀；白色或银色的光驱赶
食叶害虫	刺蛾	黑光灯诱杀
	毒蛾类	黑光灯诱杀
	夜蛾	黑光灯诱杀；糖醋液混合少量敌百虫进行防治
	尺蛾	人工振落并捞除振落（幼虫）；黑光灯诱杀（成虫）
	天蛾	新型高压灯诱杀

（2）捕杀。捕杀不仅只捕杀成虫，还包括捕捉虫囊等。冬季可人工摘除蓑蛾的虫囊、刺蛾类越冬虫茧，及时清理落叶和杂草，深耕翻土，消灭浅土层的螟蛾类、天蛾越冬虫卵，消灭越冬态的虫源；部分害虫有假死性，可以利用此特点人工振落害虫或人工摘除卵块，如尺蛾幼虫；绿刺蛾、小黑刺蛾、毒蛾类、叶蜂、金龟子成虫的低龄幼虫有群集性，可以人工摘除虫叶；螟蛾的幼虫一般在10月下树，在此之前必须处理掉幼虫、虫巢并烧毁；在天牛羽化和产卵盛期，早晨可直接人工捕杀天牛的成虫，也可根据树干的刻槽形状，用锤子敲打刻槽，直接杀灭虫卵。

（3）热处理法。热处理法是指通过改变温度，使之不在昆虫或病原物的生存范围，从而起到杀灭的作用。比如在花卉播种之前可采用浸种和高温处理土壤等方法来杀菌。

5. 化学防治法

现今化学防治法一般选择吡虫啉、吡蚜酮、拟除虫菊酯类的杀虫剂。农药的效果好、作用快，但容易对园林植物产生药害，污染环境，有的农药更容易使病虫产生抗药性，对生态系统的循环带来不良影响。因此，需从用药种类、用药方法与用药量等方面实施化学防治措施。

(1) 合理选择用药种类。使用化学方法进行防治需要熟知每种农药的功能效果及防治对象，在施用过程中必须有针对性，避免固定一种农药针对一种虫害，最好交替使用杀虫剂，提高灭蚜效果。在配好的药剂中加入 0.3%洗衣粉，可有效地提高防治效果；在叶蝉幼虫或者成虫危害期，喷施敌杀死等拟除虫菊酯类乳剂，或者喷施抗蚜威，效果都较好。粉虱有世代重叠的现象，利用天王星、扑虱灵、功夫菊酯等杀虫剂进行防治时需要连续施用 4～5 次效果较好；5 月期间，蝽类可以每隔 7～10 天喷施一次敌敌畏、杀螟松、甲胺磷等，效果较好；介壳虫体表有较厚的蜡层，普通的触杀剂很难渗透进介壳虫的体壁，通常使用速扑杀这类强渗透性的杀虫剂，或在若虫孵化扩散期则隔一周喷洒一次蚧螨灵、蚧克特或菊酯类药剂，共 2～3 次，效果较好。此外，根施甲基硫环磷颗粒剂，也可取得较好的防治效果，常用的植物病虫害化学药剂参选如表 5-2 所示。

表 5-2 植物病虫害化学药剂参选

虫害名称	化学药剂
蚜虫	吡虫啉、吡蚜酮、拟除虫菊酯类
叶蝉	敌杀死等拟除虫菊酯类乳剂、抗蚜威
粉虱	天王星、扑虱灵、功夫菊酯
蝽类	敌敌畏、杀螟松
介壳虫	速扑杀、蚧螨灵、蚧克特或菊酯类药剂甲基硫环磷（根部）
蓑蛾	敌百虫或杀螟松
刺蛾类	杀螟松、拟除虫菊酯类杀虫剂
毒蛾类	用敌杀死毒笔在树干上划 1～2 个闭合环（环宽 1 cm）、绑毒绳灭幼脲、敌百虫、敌敌畏（幼虫期）
夜蛾类	Bt. 制剂、辛硫磷乳油、敌杀死乳油或氯氰菊酯乳油或三氟氯氰菊酯乳油 2 灭幼脲Ⅲ号（幼虫期）
天蛾	敌敌畏
尺蛾	敌敌畏、杀螟松
螟蛾类	辛硫磷乳油、氯氰菊酯乳油
叶蜂类	敌杀死
天牛	氯氰菊酯、溴氰菊酯（成虫）；木质部注射啶虫脒（幼虫）

（2）适时适量用药。合理选择方法可以有效地提高防治效果，降低药害，保护植物和天敌。防治害虫尽量选择在幼虫或者若虫期用药，不同龄期的防治效果差距很大，各代成虫、幼虫发生期可以喷施敌敌畏、溴氰菊酯、毒死蜱进行防治；防治病害尽量选择在发病前施药，坚持以防为主，有些病害发病后施药，效果较差；施药时间一般应安排在晴天，雨天用药效果不佳。配置农药过程中，应严格按照说明稀释，不提倡铺张浪费，过浓容易造成药害和污染，过稀达不到防治效果。

6. 生物防治法

生物防治法优点很明显，安全、不污染环境、资源丰富、无需人工合成，但受环境气候影响比较大，发挥作用较缓慢。常见的方法有以虫治虫、以菌治虫、以鸟治虫三种。

（1）以虫治虫。以虫治虫通过保护和利用有益生物来防治病虫害，严禁灭杀和捕捉捕食性和寄生性的螨类、两栖动物和鸟类，寄生蜂和寄生蝇等寄生性天敌会将卵产在害虫的幼虫或蛹内，从而抑制害虫的繁殖。

利用天敌来防治虫害一般通过三种方法实现，一是保护和利用当地害虫的天敌，人为创造出适宜害虫天敌生存的条件，促进其发育和繁殖，加强益鸟的招引、保护、饲养和驯化，可在绿地中适当栽植益鸟的食饵植物和适合益鸟营巢的树种，在植物上设置人工鸟巢，如人工挂鸟巢保护大山雀，挂木段招引大斑啄木鸟等；二是人为养殖和释放害虫天敌；三是从外地人工引进害虫天敌，植物主要虫害天敌如表 5-3 所示。

表 5-3　植物主要虫害天敌

虫害类型	虫害名称	生物防治措施
刺吸式害虫	蚜虫	瓢虫、草蛉、食蚜蝇、花蝽、蚜茧峰、蚜小峰，白僵菌、绿彊菌等病原真菌
	介壳虫	瓢虫、茧蜂
	粉虱类	瓢虫、草蛉、寄生蜂、寄生菌
食叶害虫	甲虫类	寄生蜂、瓢虫、食虫鸟
	蓑蛾	寄生蜂、寄生蝇
	刺蛾	赤眼蜂、姬蜂
	天蛾	螳螂、赤眼蜂
蛀干害虫	天牛	啄木鸟、白僵菌

（2）以菌治虫。以菌治虫就是将害虫的病原微生物制成菌粉、菌液，喷施于田间，使害虫得病而死亡，这种方法也称为微生物农药。但是以菌治虫效果较缓慢，而且对环境要求较高，相对来说见效慢，难以达到理想效果。

（3）以菌防病。以菌防病又称为生物农药，是将抗菌素配成药液，采用喷洒、浇灌、浸种、涂敷或注射等方式来防治病害。常用的有春雷霉素、井冈霉素、庆丰霉素、灭瘟素、内疗素、多抗霉素、链霉素、青霉素、木霉素等。

（4）以激素治害虫。通过昆虫外激素来引诱雄虫交配，进而诱杀雄虫；通过昆虫内激素干扰虫害的正常发育，造成昆虫畸形、死亡。近几年，昆虫激素防治研究迅猛开展，如江苏省激素研究所研发多种昆虫激素，并已投入生产。

（二）病虫害季节性防治措施建议

有的园林过密造成通风性、透光性差，导致某些病虫害高密度发生。而且园林植物种类品种相对单一，植物密度相对较大，更加容易导致病虫害小面积流行，防治难度偏大。园林植物的病虫害防治必须保证安全第一，尽可能采取物理防治、生态防治等方法来处理，减少利用化学农药的使用频率或者使用一些高效低毒类的化学农药进行局部的病虫害防治。

1. 春季防治

对于园林的防治应尽可能运用物理防治法、栽培防治法等措施，尽量保证相关工作人员的人身健康及安全。

例如，土壤消毒。对于土壤内越冬的害虫和各类病原物，可以土施农药、喷施各种杀虫和杀菌剂，杀灭土壤中的有害生物，保护园林植物健康成长。一般可选用棉隆、五氯硝基苯等，对杀灭土壤中的地下害虫、线虫、真菌及杂草都非常有效，还可以减少土壤中蛴螬的数量。

2. 夏季防治

夏季植物进入生长旺季，以园林植物为食的害虫以及各类病原物的活动也开始频繁。这个季节除了加强园林植物的管护以外，还可以适当采用化学防治法来杀灭害虫和病原物，保护园林植物健康生长。尽量少用有机化学农药，残留较高，尽可能使用无污染的农药。

（1）白僵菌高孢粉。白僵菌高孢粉因其致病性强、适应性广特点，属于高效生物杀虫剂，其对鞘翅目的害虫有独特的防治效果，可以广泛使用，对桃树上的小绿叶蝉、地下的蛴螬效果非常好。6月的梅雨季使用白僵菌高孢粉效果更好，防治效果能达到75 %以上，且其对人、畜以及对瓢虫、草蛉等天敌类昆虫无害。

（2）阿维菌素。阿维菌素能干扰昆虫神经生理活动，使其麻痹中毒而死亡。蚜虫、潜叶蛾、梧桐木虱、介壳虫类都可以用阿维菌素来防治。

（3）农用链霉素。农用链霉素为放线菌的代谢产物，杀菌谱广，特别是对细菌性的病害效果较好，具有内吸作用，能渗透到植物体内，并传导到其他部位。夏季高温多雨，细菌引起的腐烂性病害较为常见，喷施农用链霉素对防治细菌性的腐烂病效果极佳。

3. 秋季防治

秋季气温渐凉，在园林植物病虫害防治中，应尽可能不用化学防治，减少农药对人造成的毒害，可以从物理、生物和栽培方面对植物病虫害进行防治。

（1）清除枯枝落叶。秋季到来，随着气温逐渐降低，部分树叶开始掉落。一方面，这些枯枝落叶可能带有病原菌；另一方面，为病原物的越冬提供了良好的越冬场所，及时清除这些枯枝落叶，对病虫害的防治效果较好。

（2）翻土培土。将表土和落叶层中准备越冬的害虫和病原物深翻入土，待到冬季，将没有植被的土壤再翻一次，彻底将害虫和病原物深埋于地下，防止第二年继续危害。

4. 冬季防治

冬季气温较低，昆虫也因为低温进入了休眠期，正好是防治园林病虫害的最佳时期。在这个阶段处理得当，可以有效地减少来年园林植物病虫害的发病率。

（1）清除枯枝落叶。到了冬季，病虫害在树下的枯枝落叶、杂草中或是土壤浅层表面越冬。落叶树木的叶片应该及时清扫，并集中烧毁或深埋于地下，减少病虫害的越冬场所，为第二年的植物病虫害防治做准备。

（2）树干涂白。树干涂白一方面可以提高植株本身的抗病性；另一方面还能起到御寒的作用，此外，还能有效地驱赶害虫，破坏病虫的越冬场所。生石灰在制作过程中一定要充分溶解，避免对树干造成烧伤。用水、生石灰、硫磺、废机油、食盐按 10∶3∶1∶0.3∶0.3 的比例混合制成涂白剂，可达到防治枝干害虫的目的。

（3）喷施石硫合剂。石硫合剂是一种既能杀菌又能杀虫的无机硫制剂，毒性中等，可以减少对人员造成不必要的毒害。对植物无害，不污染环境，病虫也不宜产生抗药性，比较适合在树木的休眠期喷施。石硫合剂对植物的腐烂病、白粉病、炭疽病和锈病都有较好的防治效果，对越冬的介壳虫、叶螨等也有特效。

另外，对部分病枝及时进行适当的修剪，一方面可以增强树势；另一方面也可以减少病虫害的越冬场所。

参 考 文 献

［1］边晨．植物造景配色在景观设计中的运用与研究［D］．天津：天津大学，2018.

［2］陈舒婷．浙江大学紫金港校区植物造景提升研究［D］．杭州：浙江大学，2018.

［3］董杰．西方古典园林植物运用研究［D］．哈尔滨：东北林业大学，2020.

［4］葛颖．杭州西湖南部公园绿地植物配置研究［D］．青岛：青岛理工大学，2019.

［5］靳承东．园林植物病虫害防控现状及防控对策［J］．世界热带农业信息，2021（01）：48—49.

［6］李雅娜．南宁国际园博园园林植物多样性调查与分析［D］．南宁：广西大学，2020.

［7］李昆峰．当代城市河滨景观生态设计研究［D］．青岛：青岛大学，2018.

［8］李艳星．园林植物栽培及养护技术探讨［J］．农业灾害研究，2021，11（02）：170—171.

［9］聂锦燕，周梦瑶，黄欣宇等．生长周期中植物衰老及调控探究［J］．绿色科技，2021，23（15）：128—130.

［10］梁超波．园林植物病虫害发生特点与防治进展［J］．种子科技，2020，38（05）：84—86.

［11］雷平．我国园林植物造景的发展趋势［J］．现代园艺，2018（04）：109—110.

［12］刘洪志．四川古典园林植物景观营造及传承研究［D］．成都：西南交通大学，2017.

［13］毛国玉．园林植物配置在园林绿化中的应用初探［J］．农业与技术，2019，39（16）：161—162.

［14］平璐瑶．浅析植物造景在园林中的应用［J］．现代园艺，2020，43（11）：119—120.

［15］彭俊．园林植物精细化养护对园林景观的影响［J］．山西林业，2021（01）：42—43.

［16］田喆．邯郸市园林植物病虫害发生规律调查与防治研究［D］．邯郸：河北工程大学，2017.

［17］王星尧．北京市园林植物病虫害系统研建［D］．北京：北京林业大学，2020.

［18］王丽娟．佛山市千灯湖公园典型景点植物配置研究［D］．广州：华南理工大

学，2020.
[19] 吴伟．园林植物病虫害防治对策探析［J］．种子科技，2021，39（05）：82－83.
[20] 王璇．城市植物多样性应用及其实现途径［J］．现代园艺，2020，43（16）：114－115.
[21] 熊云雷．南昌市园林植物多样性调查与评价［D］．南昌：南昌航空大学，2018.
[22] 许大全，高伟，阮军．光质对植物生长发育的影响［J］．植物生理学报，2015，51（08）：1217－1234.
[23] 杨粟艳．园林植物景观设计一般性原则的探讨［J］．现代园艺，2020，43（05）：87－88.
[24] 杨茜．南宁市城市公园立体绿化植物调查与景观评价［D］．南宁：广西大学，2020.
[25] 杨柳．大学校园植物造景研究［D］．济南：山东建筑大学，2018.
[26] 余游．不同季节园林绿化养护措施研究［J］．新农业，2021（17）：23－24.
[27] 杨千．贵州摆龙河国家湿地公园景观格局及植物多样性研究［D］．贵阳：贵州师范大学，2021.
[28] 阳艳秋．城市园林植物多样性的规划及实施［J］．现代园艺，2019（24）：123－124.
[29] 张舟怡．植物细胞的结构与功能分析［J］．现代农业研究，2019（01）：50－51.
[30] 张莉．苏州遗产园林植物造景现状与保护修复研究［D］．苏州：苏州大学，2020.
[31] 张斌．滨水景观生态设计策略研究［D］．洛阳：河南科技大学，2020.
[32] 赵翠平．崇州市世纪大道景观生态设计研究［D］．成都：成都理工大学，2019.
[33] 张莉．浅议园林植物管护工作的重要性［J］．山西林业，2020（06）：42－43.
[34] 张丽．园林植物配置在园林绿化中的应用分析［J］．农业与技术，2020，40（06）：145－146.
[35] 赵宏栋．园林植物栽培及养护技术的分析［J］．种子科技，2017，35（04）：94－95.